Terry Ryan

Spiele für die Hundeschule

Unterricht mit Spaßfaktor

© 2022 für die deutsche Ausgabe: KYNOS VERLAG Dr. Dieter Fleig GmbH
Konrad-Zuse-Straße 3 • D-54552 Nerdlen/Daun
Telefon: 06592 957389-0
www.kynos-verlag.de

Aus dem Englischen übersetzt von Anja Ballwieser und Anita Ziegler
Titel der amerikanischen Originalausgabe: Gamify Your Dog Training. Training Games for Group Instruction.
© Terry Ryan, 2017
Erschienen bei Dogwise Publishing, Wenatchee, Washington, USA

Gedruckt in Lettland

ISBN 978-3-95464-270-0

Illustrationen von Jackie McCowen-Rose
Bildnachweis Cover: Mirjam Michels Miripix Fotografie

KYNOS STIFTUNG

Mit dem Kauf dieses Buches unterstützen Sie die Kynos Stiftung
Hunde helfen Menschen. www.kynos-stiftung.de

Inhaltsverzeichnis

Für Brody, den Hund, der uns zum Lachen brachte.

Das meinen Experten zu diesem Buch

Wenn ich an Hunde und Spiele denke und daran, dass das Training den Hunden, Besitzern und Zuschauern Spaß macht, denke ich immer an Terry Ryan. Spiele mit Ihrem Hund zu spielen ist der beste Weg, die Aufmerksamkeit Ihres Hundes zu fesseln und somit der schnellste und sicherlich auch unterhaltsamste Weg, zu trainieren. Hunde lernen schnell, dass Training Spaß macht und dass Spaß Regeln hat. Meine Favoriten unter Terrys Spielen waren schon immer *Dogzilla* für schiere Ausgelassenheit, *Duellierende Hunde* für blitzschnelle Kontrolle und *Reise nach Jerusalem* für felsenfestes Liegenbleiben. Lesen Sie Terry Ryans „Spiele für die Hundeschule – Unterricht mit Spaßfaktor" und Ihr Hund wird Ihnen für immer dankbar sein. Lasst die Spiele beginnen!
Dr. Ian Dunbar, Gründer des Verbands der professionellen Hundetrainer (USA)

Terry Ryan enttäuscht nie, und dies ist die klassische Terry Ryan in Bestform! Ich bewundere (und beneide!) ihre Kreativität und ihre Fähigkeit, Freude und Spaß ins Training zu bringen. Wenn Sie in diesem Buch nicht Dutzende von wunderbaren Spielen finden, um Ihre Trainingsstunden zu beleben, haben Sie sich nicht bemüht!
Pat Miller, Autorin von *Beware of the Dog und Play With Your Dog*

Ein hervorragender Leitfaden für kreative Spiele, die es Teilnehmern und Hunden ermöglichen, ihre Fähigkeiten sicher gemeinsam zu verbessern. Die Strategien und unterschiedlichen Schwierigkeitsgrade ermöglichen es jedem, Spiele zu entwickeln, die sicher, erfolgreich und lustig sind!
Nicole Wilde, Autorin von *Menschentraining für Hundetrainer, Der ängstliche Hund* und *Lass mich nicht allein*

Was für eine fantastische Sammlung von Spielen, um lustige und unvergessliche Hundetrainingseinheiten zu gestalten! Dieses Buch ist vollgestopft mit großartigen Ideen, um das Training für Menschen jeden Alters zu beleben … und Hunde genießen es mehr, wenn ihre Menschen auch Spaß haben! Terrys Abschnitte über die Umsetzung sind wichtig, um Menschen und Hunde auf den Erfolg vorzubereiten. Wenn Sie glauben, dass Lernen Spaß machen sollte, dann ist dieses Buch genau das Richtige für Sie!
Risë VanFleet, Autorin von *The Human Half of Dog Training* und *Play Therapy with Kids & Canines*

Ich habe persönlich an Terrys Kursen teilgenommen, und es ist eine ihrer Stärken als Ausbilderin, dass die Dinge Spaß machen. Diese Spiele sind nicht nur unterhaltsam und nützlich für die Menschen; ich liebe es, dass Terry auf Dinge hinweist, auf die man achten muss, damit auch die Hunde ihren Spaß haben!
Grisha Stewart, Autorin von *Behavior Adjustment Training 2.0*

Terry Ryan, die einzigartige Patin der Spiele für Hunde und ihre Menschen, hat es wieder getan. *Gamify Your Dog Training* bietet eine innovative Quelle für klar beschriebene und unglaublich lustige Trainingsspiele für Hundebesitzer und jeden Hundetrainer.
Mary R. Burch, AKC Therapy Dog Director und Autorin von *AKC S.T.A.R. Puppy*

Einleitung

Seit den 1960er-Jahren bin ich ununterbrochen in der sich wandelnden Welt der Hundeausbildung aktiv. Einen großen Teil dieser Zeit habe ich in der Rolle der Ausbilderin in Gruppenkursen verbracht. Manchmal frage ich mich, warum ich über so viele Jahre dabeigeblieben bin. Zum großen Teil liegt es daran, dass es mir sehr viel Spaß gemacht hat. Ich probiere sehr gerne neue Ideen in der Lehrplanentwicklung aus, und prüfe mit den Experten, also den Hunden selbst, wie es funktioniert. Neue Forschungsergebnisse haben auf mich ebenso Einfluss wie der Erfolg anderer Praktiker, die ich respektiere. Mein Weg wurde von meiner eigenen Erfahrung in der Arbeit mit Hunden und ihren Menschen auf der ganzen Welt geprägt.

In diesem Buch geht es um Beziehung, Kommunikation und Spaß bei der erfolgreichen und effizienten Ausbildung von Hunden. Mein Schwerpunkt in diesem Buch liegt auf Spielen in Gruppen. Andere haben bereits sehr gute Spiele und Übungen für das Hundetraining zuhause, Eins-zu-eins-Interaktionen und Spiele für speziellere Ziele vorgestellt. In meinem Buch *Coaching People to Train their Dogs* habe ich bereits weitere Spiele mit etwas anderen Zielen veröffentlicht.

Games People Play… To Train Their Dogs war ein Büchlein, das ich 1996 über einige Übungen aus meinen Familienhundekursen geschrieben habe. Es ist schon seit geraumer Zeit vergriffen. Schnell folgte die Fortsetzung *Life Beyond Block Heeling*. Dieses Buch, *Spiele für die Hundeschule*, enthält einige der Übungen aus diesen früheren Büchern. Über 60 Prozent der Spiele in diesem Buch habe ich vorher noch nicht veröffentlicht. Einige der ursprünglich veröffentlichten Spiele sind nicht enthalten, da ich bessere Spiele entwickelt habe, um sie zu ersetzen. Ich habe jede Übung, die in diesem Buch aufgeführt ist, persönlich in unseren Kursen und in Seminaren und Workshops auf der ganzen Welt wie Australien, Brasilien, Kanada, China, England, Deutschland, Italien, Japan, Mexiko, den Niederlanden, Neuseeland, Norwegen, Südkorea, Spanien, Taiwan und anderen gespielt oder durchgeführt. Es scheint mir, dass Spielen mit Hunden der gemeinsame Nenner sein kann, damit Menschen verstehen, dass wir uns alle sehr ähnlich sind.

Wie dieses Buch aufgebaut ist

Ich bin mir nicht sicher, ob ich die Herausforderung, die Spiele in diesem Buch zu kategorisieren, angemessen gemeistert habe. Die Spiele sollen Verhaltensfähigkeiten wie Selbstvertrauen in alltäglichen Umgebungen verbessern. Einige der Situationen werden für die Teilnehmer ganz neu, aber nicht bedrohlich sein. Die Spiele sind nicht dazu gedacht, Themen wie Reaktivität zu behandeln. Vielmehr sollen sie dazu dienen, die bereits vorhandenen Verhaltens- und Trainingsfähigkeiten, die auf Anfängerniveau bereits vorhanden sind, zu fördern und zu verbessern. Die Hunde sollten zumindest ein gewisses Maß an Erfahrung mit Verhaltensweisen wie „Aufmerksamkeit", „Sitz", „Platz", „Komm" und „an lockerer Leine gehen" haben. Die meisten Spiele können auf viele verschiedene Arten miteinander verknüpft werden. Ein Blick auf die Beschreibungen der einzelnen Spiele gibt Ihnen einen schnellen Hinweis darauf, worum es bei dem Spiel geht.

Der erste Abschnitt des Buches mit dem Titel „Dem Erfolg den Weg bereiten" ist meiner Meinung nach der Grundstein für alles, was folgt. Lesen Sie ihn bitte gründlich durch, dann werden Sie besser verstehen, was die Spiele bewirken sollen und wie man sie effizient leitet. Schauen Sie sich als nächstes die Anleitung unter jedem Spiel an, um festzustellen, ob es für Ihre jeweiligen Spieler geeignet ist. Die Anleitungen für jedes Spiel können variieren, enthalten aber einige oder alle der folgenden Punkte:

Voraussetzungen und Vorteile: Hier wird darauf hingewiesen, dass eine gewisse Verhaltens- und Trainingserfahrung empfohlen wird. Es wird erklärt, was die Hunde und Menschen in diesem Spiel lernen können.

Aufbau: Die Planung vor der Veranstaltung und die Ausrüstung, die für die Durchführung des Spiels benötigt wird, werden vorgestellt. Falls erforderlich, wird hier erklärt, wie der Spielbereich zu organisieren ist (z. B. Platzierung der Start- und Ziellinie).

Beschreibung: Hier wird ein Überblick darüber gegeben, wie das Spiel gespielt wird. Dieser Abschnitt kann bei der Entscheidung, ob das Spiel für Ihre Zwecke geeignet ist, am hilfreichsten sein.

Spielvarianten: Bei manchen Spielen wird hier gezeigt, wie man das Spiel abwandeln kann, insbesondere, um es schwieriger oder leichter zu machen.

Eine Coaching-Gelegenheit: Mehrwert – in diesem Abschnitt werden Möglichkeiten für ergänzende Diskussionen oder eine kurze Zusatzlektion vorgeschlagen, die die Lernerfahrung unterstützt.

Dem Erfolg den Weg bereiten

Sowohl Menschen als auch Hunde sind soziale Tiere. Wir genießen die Gesellschaft des jeweils anderen. Spiele können eine natürliche Erweiterung des Vergnügens sein, das Hunde und Menschen in einer Gruppe miteinander haben. Trainingskurse, Grillabende in der Nachbarschaft, Feiertags-Feste und Spielverabredungen mit Hunden sind alles gute Gelegenheiten für Menschen und Hunde, um Spiele zu spielen. Spiele bieten den oft unterschätzten Aspekt der geistigen und körperlichen Auslastung für Mensch und Hund.

Etwas spielerisch zu erarbeiten ist auch in der Erwachsenbildung zu einem Modetrend geworden. Und Hundetrainingskurse gehören zur Erwachsenenbildung, auch wenn wir uns (etwas zu Unrecht) auf die Hunde zu konzentrieren scheinen. Zu seriös, um „Spiele zu spielen"? Kein Problem. Ersetzen Sie einfach das Wort „Spiel" durch „Trainingsübung" und wir haben immer noch das gleiche Ziel vor Augen. Sehen Sie dieses Buch als Ressource für Ihre Lehrplanentwicklung samt einiger Strategien für effektives Unterrichten mit einer kräftigen Dosis Spiel! Seit Jahrzehnten setze ich in meinen Trainingskursen auf jeder Stufe Spiele ein, um die grundlegenden Verhaltensweisen mit Spaß zu üben. Mein Ziel ist es, eine Lernumgebung mit minimalem Stress zu schaffen und die Möglichkeit einer Konkurrenz zwischen den Schülern zu reduzieren. Die Trainingszeit soll lieber zur Verbesserung der persönlichen Bestleistungen jedes einzelnen Paares genutzt werden.

Definitionen und Kategorien

Der Einfachheit halber werden in meinen Erläuterungen alle Hund-Mensch-Duos als Partner oder Paare bezeichnet. Der Mensch jedes Paares wird mit „sie" und der hündische Partner mit „er" bezeichnet. Werden die Teilnehmer in Gruppen mit mehreren Paaren eingeteilt, spreche ich von diesen Gruppen als „Teams". Der Gesamtleiter der Veranstaltung wird als Spielleiter (SL) bezeichnet und die designierten Helfer als Spielleiter-Assistenten (SLA).

„Leinenarbeit" und „mit dem Hund gehen" werden generisch verwendet. In der Welt des Hundetrainings gibt es eine Vielzahl von Definitionen, wie z. B. „Fußlaufen" oder „an lockerer Leine gehen". Ich vermeide diese Begriffe hier. Der SL wird die Teilnehmer vorab informieren abhängig vom jeweiligen Spiel was die Kriterien fürs Leinegehen sind. Muss der Hund sehr dicht am Bein seines Menschen bleiben oder darf er sich frei bewegen? In jedem Fall wird erwartet, dass der Hund nicht an der Leine zieht.

Wer sind die Spieler?

Die meisten Spiele in diesem Buch sind für Gruppen von normal selbstbewussten jugendlichen bis erwachsenen Hunden konzipiert. Sie wurden entwickelt, um bereits erlerntes Verhalten zu üben und zu festigen. Welpen unter 14 Wochen sollten nicht in die allgemeine Spielgruppe aufgenommen werden, aber es können separate Welpenveranstaltungen für sie angeboten werden. Spiele für junge Welpen sollten sich mehr darauf fokussieren, neue Erfahrungen einzuführen und dabei das Selbstvertrauen des Welpen zu fördern. In sorgfältig überwachten Situationen und mit einer Portion gesundem Menschenverstand können viele der hier aufgeführten Spiele für Welpengruppen angepasst werden.

Für reaktive oder ängstliche Hunde sind allgemeine Gruppensituationen nicht der beste Ort, um zu lernen. Schaffen Sie für diese Hunde eine separate Spielmöglichkeit, die von einem speziell geschulten Spielleiter und Assistenten geleitet wird. In diesen Gruppen muss noch mehr darauf geachtet werden, dass der persönliche Raum jedes Hundes gewahrt wird, dies trifft auch auf den Blickkontakt mit anderen Hunden zu. Wählen Sie Spiele, die eine geringe Wahrscheinlichkeit für Erregung bieten. Bei der Arbeit mit reaktiven oder ängstlichen Hunden ist es wichtig, Erregungsauslöser und -schwellen zu erkennen und zu überwachen. Im Zweifel sind mehr Platz und Barrieren Ihre besten Freunde.

Wenn Sie vorhaben, diese Spiele in Ihren regulären Trainingsstunden einzusetzen, haben Sie bereits eine gute Vorstellung von der Eignung und, was noch wichtiger ist, vom Temperament der teilnehmenden Hunde und Menschen. Wenn Sie sich als Spielleiter (SL) einer Gruppe wiederfinden, die Sie nicht gut kennen, sollten Sie bei der Auswahl geeigneter Spiele besonders sorgfältig vorgehen. Lesen Sie sorgfältig die Beschreibung unter jedem Spiel, um zu entscheiden, ob es für Ihre Spieler geeignet ist. Anstatt zu raten oder auf das Beste zu hoffen, sollten Sie zuerst einige einfache, harmlose Diagnosespiele spielen, die Ihnen helfen, ein Profil der Teilnehmer zu erstellen. Ich habe ein paar unter den ersten Spielen aufgeführt, die im Abschnitt „Die Spiele" zu finden sind. Achten Sie während der anfänglichen Kennenlernspiele auf die Vorboten eines zu hohen Erregungsniveaus. Auch hier sind Abstand und/oder Barrieren eine kluge Idee. Auf den Seiten 25 bis 28 finden Sie Informationen zur Interpretation der hündischen Körpersprache. Achten Sie auf einen Mangel an Aufmerksamkeit und angemessenen Umgang mit Hunden durch ihre Menschen. Sehen Sie Warnhinweise? Behalten Sie diese Paare im Auge, beauftragen Sie eine SLA, in der Nähe zu bleiben und achten Sie auf die Auswahl geeigneter Spiele.

Anfänger, Fortgeschrittene oder Profis?

Sind die Spiele für Anfänger, Fortgeschrittene oder Profis? Ich habe es bewusst vermieden, Spiele auf diese Weise zu bezeichnen. Es gibt zu viele unabhängige Variablen in jedem Spiel, um das Ganze als Anfänger-, Fortgeschrittenen- oder Profi-Level zu bezeichnen. Zum Beispiel könnte ein Hund in der Lage sein, die Trainingsübung zu meistern, aber ist vielleicht sozial und emotional nicht für eine Gruppensituation geeignet. Ein Hund mag alle Basisverhalten und viele fortgeschrittene Fähigkeiten beherrschen. Er könnte sehr gut mitarbeiten und eine hervorragende Kommunikation mit seinem Menschen haben, aber wenn ihm nie beigebracht wurde, auf Signal zu apportieren, wäre dieser Hund ein blutiger Anfänger bei Apportierspielen.

Mit Kreativität kann ein schwieriges Spiel leichter gemacht werden. Umgekehrt kann ein „einfaches" Spiel für Hunde, die der Herausforderung gewachsen sind, komplexer gestaltet werden. Einige Ideen zur Modifizierung von Spielen finden Sie in den jeweiligen Beschreibungen.

Spezifische Trainingstechniken und -methoden

Die meisten der hier vorgestellten Spiele sind dazu geeignet, bereits bekannte Verhaltensweisen in neuen Kontexten zu trainieren. Deshalb gehe ich in diesem Buch nicht eigens auf das Etablieren neuer Verhaltensweisen ein, was eine enorm variierende Kunst, Wissenschaft und Technik für sich ist. Ich persönlich bevorzuge den Einsatz von angemessener positiver Verstärkung und verlasse mich lieber auf akustische Marker als auf Zwang. (Ein akustischer Marker ist ein prägnantes Geräusch, das oft von einem Clicker erzeugt wird, der das Verhalten identifiziert, das dann – üblicherweise mit einer Futterbelohnung – positiv verstärkt wird). Diese Vorliebe wird Ihnen wahrscheinlich beim Weiterlesen ganz selbstverständlich vorkommen.

Wenn Sie nicht wissen, mit welchen Trainingsmethoden Ihre Gruppe trainiert, sollten Sie Ihre Erwartungen an die Ausrüstung und die Interaktionen bei Ihrer Veranstaltung vorab bekannt geben. Sie sollten von einziehbaren Roll-Leinen im Unterricht abraten. Halten Sie zusätzliches Equipment bereit für den Fall, dass Sie eine andere Ausrüstung für angebracht halten und verleihen möchten. Wenn Sie Clicker verwenden oder auf diese verweisen, sollte jeder die richtige Handhabung eines Clickers verstehen oder zumindest anfangs darin überwacht werden. Dies geschieht am besten durch eine Demonstration oder eine interaktive Übung ohne Hunde. Einige Beispiele dazu finden Sie am Ende dieses Buches. Wenn es Ihnen lieber wäre, wenn die Leute nicht mit Locken arbeiten, erklären Sie den Grund oder geben Sie ein Limit von einmal Locken oder „Starthilfe" pro Spiel vor. Seien Sie kein Tyrann oder Trainingssnob. Erklären Sie Ihren Standpunkt, ohne zu verärgern. Anstatt „nein" oder „mach das nicht" zu sagen, probieren Sie es mit „lass uns mal versuchen" oder „hast Du schon mal darüber nachgedacht" oder „eine gute Alternative könnte sein".

Training während des Spiels

Es ist Sache der SL, zu entscheiden, ob zusätzliche Zeit für das Training bestimmter Verhalten aufgewendet werden soll, die im jeweiligen Spiel vorkommen. Es braucht nicht allzu viel Zeit, den Teilnehmern beim Aufschlüsseln einer Übung zu helfen, damit sie die Aufgabe oder zumindest einen Teil der Aufgabe erfolgreich bewältigen können. Auf diese Weise kann sich die Veranstaltung mehr in Richtung „Können wir Euch helfen?" anstelle von „Zeigt uns, was Ihr könnt" bewegen. Beispiele finden Sie unter den Überschriften „Eine Coaching-Gelegenheit" bei den verschiedenen Spielen.

Lob, Spiel und Spielzeug als Trainingsbelohnung

Geben Sie vor, welche Spielinteraktionen in Gruppen sicher und effektiv sind. Wenn ein Paar zur Belohnung mit einem Quietschspielzeug spielt, lenkt das vielleicht andere in der Nähe zu sehr ab. Wie wirkt sich überschwängliches, lautstarkes Loben auf andere aus? Auf meinen Veranstaltungen erlaube ich das Spiel mit Bällen nicht, es sei denn, die Bälle haben Seile daran oder sind in eine Socke eingeknotet, um zu verhindern, dass sie wegrollen und möglicherweise ein Problem zwischen Hunden verursachen.

Futter als Verstärker

Weisen Sie die Teilnehmer darauf hin, dass zu viele reichhaltige Leckerli während der Veranstaltung den Hundemagen verstimmen könnten! Leckerli sollten weich sein, damit sie schnell gefressen werden können, um den reibungslosen Ablauf der Spiele zu unterstützen. Am wichtigsten ist, dass sie nicht krümeln, sonst entsteht ein Minenfeld aus Krümeln, dem kein Hund widerstehen kann. Sprechen Sie mit Ihren Teilnehmern über variable Verstärkung.

Aufgabenbeschreibungen für Ihre Mitarbeiter/Helfer

Spiele können das Beste sein, was Ihrer Gruppe je passiert ist – oder auch das Schlimmste. Der Erfolg hängt ganz davon ab, wie Sie als Spielleiter den Ablauf planen, erklären, beaufsichtigen und coachen.

Die Aufmerksamkeit des SL muss zu jeder Zeit auf die Teilnehmer gerichtet sein – und nicht auf den Aufbau der Ausrüstung, das Zählen der Punkte, das Aufnehmen von Videos, die Beaufsichtigung der eigenen Hunde oder das Kaffeekochen. Organisieren Sie einige Assistenz-SL (je nach Spiel benötigen Sie einen oder mehr), die alle Aufgaben übernehmen, die Ihre Aufmerksamkeit von den Teilnehmern ablenken könnten. Beauftragen Sie Leute, die gut mit Hunden und Menschen umgehen können, anstatt unbekannte Freiwillige vom Spielfeldrand zum Helfen einzuladen. Geben Sie Ihren SLA (Spielleitungs-Assistenten) bei Ihrem Planungstreffen vor der Veranstaltung klare Aufgabenbeschreibungen. Eine erklärende Assistentin kann die Teilnehmer davon ablenken, auf die Anweisungen der SL zu hören. Bitten Sie die SLA, Ihr zusätzliches Paar Ohren, Augen und Hände zu sein. Wenn Sie sprechen, sollten die SLA dies nicht tun. Ihre Assistenten sollten Ihnen diskret Situationen melden, die ihnen Sorgen machen. Natürlich sollte ein Assistent eigenen gesunden Menschenverstand einsetzen und sofort eingreifen, wenn

eine gefährliche Situation unmittelbar bevorsteht. Ansonsten besteht die Rolle einer SLA darin, Sie, den Spielleiter, weitestgehend unauffällig und mit möglichst wenig Unterbrechungen zu unterstützen.

Weitere SLA-Aufgaben könnten sein:

- Den Anweisungen der SL an die Teilnehmer während der Veranstaltung zuhören. Es kann sein, dass die SL ihren Plan spontan ändern muss. Helfen, den neuen Plan auszuführen.
- Die Teilnehmer ermutigen, dem SL zuzuhören.
- Helfen, einen angemessenen Abstand zwischen den Teilnehmern einzuhalten.

- Den Spielern helfen, sich die Anweisungen zu merken und bereit zu sein, wenn sie an der Reihe sind.
- Zwischen den Spielen auf- und abbauen, während der SL das nächste Spiel erklärt.
- Requisiten aufbauen und/oder verteilen, falls sie für das Spiel benötigt werden.
- Helfen, die verschiedenen zeitlichen Aspekte der Spiele im Auge zu behalten.
- Falls ein Soundsystem verwendet wird: Sich vor Beginn des Spiels damit vertraut machen, wie man es benutzt und einstellt.
- Musik abspielen, falls eine solche für ein Spiel geplant ist und wissen, welche Musik für welches Spiel gedacht ist.
- Ein Auge auf die Zuschauer behalten und ihnen helfen, sich zu amüsieren, ohne dass sie den Ablauf der Veranstaltung stören.

Den Veranstaltungsort für Spiele vorbereiten

Wenn Sie im Freien spielen, sind Leinen und/oder ein eingezäunter Bereich ein Muss. Haben Sie die Erlaubnis, den Ort zu nutzen? Können Sie in öffentlichen Bereichen dafür sorgen, dass sich Passanten willkommen und sicher fühlen, indem Sie den Spielbereich absperren? Ich habe zu diesem Zweck Halstücher an Bambus-Stäbe gebunden. Bunte Knäuel großen, flauschigen Garns sind leichter und einfacher zu benutzen als Seile. Eine weitere Möglichkeit ist Absperrband aus Plastikfolie. Und natürlich sollten Sie auch eine Versicherung haben.

Achten Sie darauf, dass für jedes Paar ausreichend persönlicher Raum zur Verfügung steht, das gilt auch für die Spielflächen. Start- und Ziellinie sowie Platzmarkierungen sind wichtig für die Regelung des Bewegungsflusses. Kegel, Stecken, Klebeband, Kreide, Post-its und Karteikarten sind einige der Optionen, je nachdem, ob Sie einen Veranstaltungsort im Innen- oder

Außenbereich haben. Auf schwarzem Asphalt oder Beton können Sie die Linien mit weißer oder farbiger Kreide aus dem Spielwarenhandel zeichnen. Auf Erde oder Rasen können Sie die Kreide in Pulverform benutzen, die auf Sportplätzen verwendet wird. Gewebe-Klebeband (Gaffer-Tape, Panzerband) haftet auf allem, außer auf sehr schmutzigen oder nassen Betonflächen im Freien. Wenn Sie Sprühfarbe aus dem Gartenbau verwenden möchten, testen Sie zuerst auf einer kleinen Fläche, ob sie wirklich abwaschbar ist. Faltbare Absperrgitter aus Kunststoff sind vielseitig einsetzbar und von Vorteil, wenn man sie griffbereit hat. Rutschige Böden können in Innenräumen ein Problem darstellen. Verwenden Sie Matten oder spielen Sie Spiele, die keine schnellen Bewegungen oder viel Geschwindigkeit erfordern. Günstige Puzzle-Matten-Quadrate sind einfach zu verlegen und es gibt sie in vielen verschiedenen Farben. Sie können durch die Anordnung der Farben Platzhalter markieren oder Start- und Ziellinie anzeigen.

Beim Spielen im Freien geht Ihre Stimme leicht unter. Platzieren Sie Ihre Spieler vor einer Gebäudewand, einem Erdwall oder einer Baumreihe, während Sie ihnen gegenüberstehen. So können Sie Ihre Stimme etwas besser verständlich machen. Spiele können sehr laut sein. Innenräume können eine schlechte Akustik haben. Hörzeichen rufende Menschen, hechelnde, winselnde und bellende Hunde, Loben, Anfeuern … manchmal kann ein tragbares Mikrofon mit Lautsprecher ganz hilfreich sein. Ein Headset oder ein Ansteckmikrofon ist die beste Wahl. Prüfen Sie das System im Vorfeld auf Rückkopplungsgeräusche, die häufig davon abhängen, wo Sie stehen.

Ausrüstung und Requisiten

Stellen Sie sicher, dass Ihr Veranstaltungsort über die übliche Grundausstattung verfügt. Reinigungsmittel sind ein Muss. Trinkwasser und ein paar Näpfe sind praktisch, aber die Leute werden (sollten?) wahrscheinlich ihre eigenen mitbringen. Pappschüsseln sind gut für Leute, die sich Sorgen um übertragbare Krankheiten machen. Zeitmessgeräte (denken Sie an Reserve!), ein paar

Klemmbretter, Papier und Stifte sollten vorhanden sein. Denken Sie daran, ein aufgeladenes Mobiltelefon griffbereit zu haben und programmieren Sie Notrufnummern ein. Vergewissern Sie sich, wo sich der Erste-Hilfe-Kasten befindet und sagen Sie das auch Ihren SLA. Halten Sie ein paar zusätzliche Halsbänder oder Geschirre und Leinen griffbereit. Vielleicht möchten Sie zusätzliche Hundeleckerli bereitstellen, falls jemandem die Leckerli ausgehen. Ich verwende dafür gerne Leckerli in Originalverpackung, so können die Teilnehmer nachlesen, was sie ihren Hunden geben. Zu Demonstrationszwecken nehme ich statt echten Hunden gerne ein paar mittelgroße, lebensechte Spielzeug-Hunde. Am besten solche, die stehen können, aber auch in Sitzposition gebracht werden können. Führen Sie sie an der Leine!

Überprüfen Sie alle Ihre Geräte und Requisiten, um sicherzustellen, dass sie stabil und ungiftig sind und keine scharfen Kanten haben. Gibt es Gegenstände, die so klein sind, dass sie verschluckt werden könnten? Entfernen oder kennzeichnen Sie besonders gefährliche Geräte, über die man stolpern oder in die man hineinlaufen könnte. Achten Sie darauf, den Bereich sowohl aus der Sicht eines kleinen Hundes als auch aus der des Menschen zu überprüfen.

Die großen Drei

Die drei hilfreichsten Ausrüstungs-Gegenstände für Spiel-Leiter sind:

Klebeband

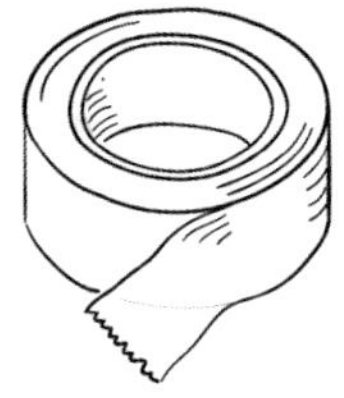

Klebeband ist die benutzerfreundlichste und fehlerfreie Methode, um Start- und Stopplinien, Spielfeldbegrenzungen, Laufrichtung und vieles mehr in einem Indoor-Spielort zu kennzeichnen. Bodenmarkierungsband aus Vinyl oder PVC ist das beste, weil es speziell für Böden entwickelt wurde. Malerkreppband funktioniert ebenfalls.

Beide sind leichter zu entfernen und beschädigen die Oberfläche weniger als Gewebe-Klebeband (Gaffer-Tape, Panzerband). Überlegen Sie schon beim Kauf, wie Sie durch die unterschiedlichen Breiten und Farben das Spielfeld für Ihre Teilnehmer verdeutlichen können. Alternativ können Sie ein paar Packungen Post-its verwenden. Die Sorte mit 90 Prozent Klebefläche bleibt am zuverlässigsten an Ort und Stelle.

Kegel

Diese können als Start- und Endmarkierungen verwendet werden, als visuelle Markierungen, um den persönlichen Raum zwischen den Hunden einzuhalten oder um zu zeigen, wo sich Zuschauer aufhalten dürfen. Sie eignen sich auch gut als Schilderhalter. Kunststoffkegel (Miniaturversionen der Kegel, die im Straßenbau verwendet werden) gibt es in Sportgeschäften. Seien Sie vorsichtig mit solchen, die an den Seiten Öffnungen haben. Sie fallen leicht um und ich hatte einen Vorfall, bei dem ein Hund mit seinem Bein in der Öffnung stecken blieb. Fußballhütchen (leicht konische Plastikscheiben) sind viel kürzer und daher schwieriger zu sehen, können aber den Zweck erfüllen. Es ist fast unmöglich, sie umzustoßen. Ein weiterer Vorteil ist, dass Hunde sie nicht wie wild apportieren wollen. Auch die Hütchen findet man in Sportläden.

Karten

Spielkarten können als Platzmarkierungen auf einer Linie anzeigen, wo genau jedes Paar stehen soll. Man kann mit ihnen einen Gleichstand auflösen – die höchste gezogene Zahl gewinnt. Man kann sie verwenden, um Paare in Teams einzuteilen (siehe Seite 22f.). Für einige Spiele braucht man Karten als Requisiten. Dazu können auch leere Karteikarten benutzt werden. Für viele Spiele werden vorbereitete Übungskarten benötigt, wie im Folgenden beschrieben.

Übungskarten

Bei einigen Spielen werden zufällig gezogene Aufgaben gestellt. Diese werden von der SL im Vorfeld vorbereitet und ausgedruckt. Hilfreich sind druckerfreundliche Papierbögen, die perforiert sind, sodass man sie in kartengroße Stücke reißen kann. Alternativ können leere Karteikarten von Hand beschriftet werden. Sie könnten die Aufgaben auch auf normalem Papier ausdrucken und in Briefumschläge stecken.

Einige Spiele erfordern Aufgaben, die verschiedene Fähigkeits- und/oder Komplexitätsstufen widerspiegeln. Sie können verschiedenfarbige Karten verwenden, um die Übungen entsprechend zu kodieren. Sie können nach Belieben Aufgaben erstellen, die zu dem von Ihnen gewählten Spiel und dem Niveau Ihrer Teilnehmer passen. Sie werden wahrscheinlich drei- bis viermal so viele Übungskarten benötigen, wie Spieler an Ihrem Kurs teilnehmen.

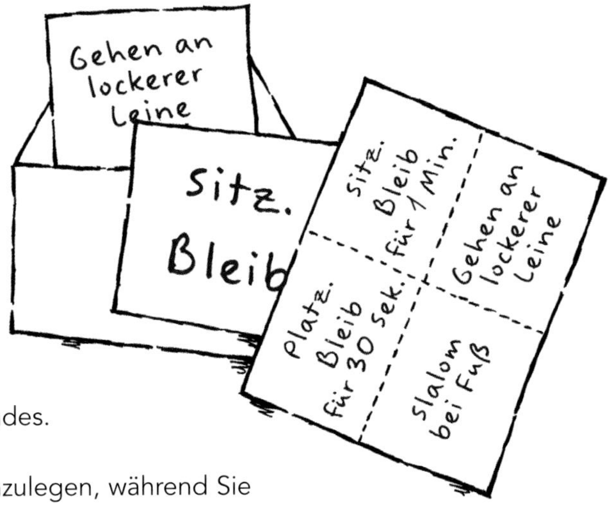

Hier sind ein paar Beispiel-Aufgaben für Ihre Übungskarten – aber seien Sie kreativ und kreieren Sie Ihre eigenen Übungen. Sehen Sie die Karten vor der Veranstaltung durch, um sicherzustellen, dass Sie die benötigten Requisiten zur Hand haben.

- Legen Sie eine elastische Binde um den Bauch Ihres Hundes.
- Bitten Sie Ihren Hund, sich hinzulegen, während Sie der SL die Hand schütteln.
- Ein SLA hält die Leine, während Sie fünf Schritte weggehen und das Signal „Sitz" geben.
- Der Hund sitzt und bleibt, während Sie „Happy Birthday" singen.
- Gehen Sie gemeinsam um den Kegel und wieder zurück.
- Wischen Sie alle vier Füsse Ihres Hundes mit einem Handtuch ab.
- Der Hund bleibt sitzen, während Sie Ihren Schuh aus- und wieder anziehen.
- Suchen Sie den nächstgelegenen Baum (Stuhl, Mülleimer) und gehen Sie links im Kreis darum.
- Bitten Sie Ihren Hund, sich hinzulegen und zu bleiben, während Sie einen Kreis um ihn herumgehen.
- Hund wechselt vom Platz ins Sitz.
- Hund steht ganz still (vier Pfoten am Boden), während Sie ihn am Kopf streicheln.

- Hund sitzt, während Sie sich ein übergroßes Hemd an- und ausziehen.
- Hund sitzt ruhig, während Sie ihn dreimal vom Kopf bis zum Schwanz bürsten.
- JOKER – Zeigen Sie den Lieblingstrick Ihres Hundes.

Ordnung ins Chaos bringen

Wie oft haben wir schon „Der tut nichts" oder „Sie will nur Hallo sagen" gehört? Die Toleranzfähigkeit eines Hundes gegenüber anderen Hunden in seiner Nähe kann sich in Bruchteilen von Sekunden ändern. Nicht jeder Teilnehmer wird in der Lage sein, das Wohlbefinden des eigenen Hundes oder das anderer Hunde genau einzuschätzen. Planen Sie im Voraus ausreichend Platz, Abstand zwischen den Spielern und eine Regelung für den Verkehrsfluss ein.

Ein wichtiger Schritt in diese Richtung ist es, wenn Sie die Teilnehmer in kleinere, überschaubare Gruppen einteilen. Hier sind ein paar Optionen für die Einteilung von Untergruppen, den so genannten Teams.

Einige Spiele eignen sich gut, um die Teilnehmer nach Größe der Hunde aufzuteilen – ein Team mit großen Hunden und ein Team mit kleinen Hunden. Abzählen ist eine weitere bewährte Methode, um Teams zu bilden. Jede Person erklärt der Reihe nach „eins", „zwei", „eins", „zwei". Die Einser bilden ein Team und die Zweier das andere. Sie können auf diese Weise so viele Teams bilden, wie Sie wollen, aber es ist problemanfällig. Wenn die Leute nicht in einer geraden Reihe stehen und aufmerksam sind, kommt man schnell durcheinander. Ich bin dazu übergegangen, die Reihe abzugehen, Augenkontakt mit einer Person aufzunehmen, höflich auf sie zu zeigen und selbst die Zahl zu rufen.

Inzwischen nehme ich lieber einen Stapel normaler Spielkarten für die Team-Einteilung. Ich gehe den Stapel vorher durch, um die gleiche Anzahl Karten wie Teilnehmer zu haben und gleich viele rote wie schwarze Karten. Ich halte den Stapel verdeckt und bitte jede Person, eine Karte zu ziehen. Sie haben nun ein rotes und ein schwarzes Team und die Teilnehmer können sich selbst zuordnen, indem sie ihre Karten hochhalten und sich in ihre jeweilige Gruppe begeben. Wenn Sie sich besondere Mühe machen wollen, können

Sie Karteikarten mit verschiedenen Aufklebern in der benötigten Menge vorbereiten, um die Teams zuzuordnen. Eine unterschiedliche Anzahl an Teilnehmern pro Team macht nichts, wenn sie „Jeder-ist-ein-Gewinner"-Spiele spielen. Benötigen Sie gleich viele Spieler pro Team, kann jemand zweimal spielen. Ich lasse die Teilnehmer lieber nicht selbst ihr Team aussuchen.

Einer der Hauptgründe für die Unterteilung einer großen Gruppe in Teams ist, die Wartezeit für jedes Paar zu verkürzen. Untätiges Herumstehen ist in einer Gruppe von Menschen und Hunden keine gute Idee. Sie können Ihren Bereich so gestalten, dass an verschiedenen Orten das gleiche Spiel gleichzeitig von verschiedenen Teams mit jeweils einem SLA gespielt wird. Wenn Sie möchten, können auch zwei oder mehr verschiedene Spiele gleichzeitig gespielt werden, jeweils unter Aufsicht eines SLA. Bei Spielen, bei denen nur wenig Ausrüstung aufgebaut werden muss, kann es einfacher sein, wenn sich der SLA von Team zu Team bewegt, während diese an ihrem Platz bleiben.

Demonstrationen und Ihr Hund

Oft ist es am effizientesten, ein Spiel nicht nur zu erklären, sondern auch vorzumachen. Lassen Sie eine SLA mit Spielzeughund statt eines echten Hundes agieren. Es ist für eine SLA fast unmöglich, sich nicht vom eigenen Hund ablenken zu lassen und mit der Konzentration ganz bei der SLA-Verantwortung zu bleiben. Es ist daher wohl am besten, wenn Ihre Mitarbeiter ihre eigenen Hunde zu Hause lassen. Warum die Hunde aufregen, wenn sie nicht mitmachen dürfen?

Denken Sie daran, dass manche Hunde nicht gerne für eine Demo ausgeliehen werden und sich dabei unwohl fühlen. Lesen Sie den Hund. Wenn Sie ihn zurückgeben, ohne die Demo zu machen, machen Sie daraus eine kurze Lektion in Körpersprache und holen Sie dann Ihren Spielzeughund für die Vorführung.

Wer ist als erstes dran?

Hier sind drei altbewährte, bekannte Methoden, um zu bestimmen, welches Paar oder Team beginnt:

- Schnick, Schnack, Schnuck
- Eine Münze werfen
- Würfeln

Weitere Möglichkeiten:

- Die Spieler ziehen einen Dominostein aus einem Behälter und addieren die beiden Augenzahlen. Die höchste Zahl beginnt.
- Sie können die Gruppe fragen: „Wer hat diesen Monat Geburtstag?" Wenn sich niemand meldet, gehen Sie zum nächsten Monat über. Wenn es mehr als einen Geburtstag in einem Monat gibt, nehmen Sie das früheste Datum. Vermeiden Sie es, über Geburtsjahre zu sprechen!

Legen Sie jeweils vorher fest, ob der Gewinner automatisch beginnt oder ob er entscheiden darf, wer zuerst dran ist. Wie nutzen Sie Ihre Zeit am besten? Damit, Spiele zu spielen, oder damit, Teams festzulegen? Wenn es nicht effizient ausgeführt wird, kann das Auswählen der Teams viel Zeit auffressen!

Was ist mit Teamleitern?

Wenn Sie Ihre Teilnehmer in Teams einteilen, fördert es den reibungslosen Ablauf, wenn jedes Team einen Teamleiter hat. Nicht jeder ist dieser Aufgabe gewachsen. Um Peinlichkeiten zu vermeiden, fragen Sie nach Freiwilligen. Beschreiben Sie zuerst die Aufgabe, damit jeder weiß, worauf er sich einlässt. Anstatt der Teilnehmer können Sie auch SLA als Teamleiter zuteilen. Zu den wichtigen Aufgaben der Teamleiter gehört es, auf Einschränkungen der Menschen zu achten: Schmerzender Rücken? Hört nicht gut? Ebenso auf die limitierenden Faktoren der Hunde: Wurde ihm diese Übung beigebracht? Ist er geräuschempfindlich? Ist ihm der Platz zu eng? SLA sollten die Teilnehmer ermutigen, an einem Spiel auch mal nicht teilzunehmen, wenn sie meinen, dass es für ihren Hund ungeeignet ist. Auch die Reihenfolge innerhalb des Teams sollten sie organisieren: Welches Paar geht zuerst, wer als nächstes? SLA sollten das Stresslevel im Auge behalten und den SL informieren, wenn ein Hund durch den Spaß oder das Training überfordert wird.

Verwenden Sie Musik

Musik bringt Schwung in Ihre Spiele. Darüber hinaus ist sie ein effektives Mittel, um die Gruppe zu organisieren: Startmusik, Musik zur Entspannung – wenn Sie allerdings keinen SLA für die Musik haben, kann es etwas umständlich sein. Klassiker, Rock'n'Roll, Märsche oder Musik von Sportveranstaltungen eignen sich – alles, was einen fröhlichen Beat hat, belebt Ihre aktionsgeladenen Spiele. Für zusätzlichen Pep sorgen ein paar Stadion-Soundeffekte – Applaus, Tröten – spielen Sie kurze Ausschnitte am Ende eines Spiels. Eine Coaching-Gelegenheit: Geben Sie Ihren Teilnehmern vorher Bescheid, dass gleich ein seltsames Geräusch ertönt, so können sie sich ihrem Hund gegenüber entsprechend verhalten. Sie können Soundeffekte kostenlos aus dem Internet herunterladen. Achtung! Anweisungen können untergehen, während Musik spielt – Ihr Assistent sollte bereit sein, die Musik auszuschalten, wenn der SL etwas erklären muss.

Reizüberflutung: Zeit für eine Chill-out-Pause

Manchmal kommt das Wettkampffieber dem gesunden Menschenverstand in die Quere. Der SL muss seine Verantwortung sehr ernst nehmen und bei Bedarf eingreifen. Halten Sie Entspannungsmusik bereit, um zwischen aufregenden Spielen eine Ruhepause einzulegen. Wenn Menschen und Hunde zu aufgedreht sind, können Unfälle passieren. Eine Pause mit sanfter Hundemassage und ruhiger Musik kann erhitzte Gemüter abkühlen. Die Entspannungsmusik kann zum Signal für die Teilnehmer werden, das Spiel zu unterbrechen, sich zu ihren Hunden zu knien und mit einer langsamen, sanften Hundemassage zu beginnen. Erinnern Sie Ihre Teilnehmer ans langsame Atmen, daran, an etwas Ruhiges zu denken, still zu werden und der Musik zu lauschen, bis der SL das Spiel fortsetzt. Es ist wunderbar, zu beobachten, wie sich die gesamte Gruppe beruhigt. Wenn Sie alles für eine ein- bis zweiminütige Ruhepause unterbrechen, wird deutlich, dass es um das Wohl der Hunde und ihrer Menschen geht und nicht um den Wettkampf. Machen Sie dort weiter, wo Sie aufgehört haben, beginnen Sie von vorne oder wechseln Sie zu einem weniger aufregenden Spiel.

Geht's dem Hund gut?

Diese Abbildung zeigt frühe Warnzeichen, dass ein Hund sich in seiner Umgebung unwohl fühlt und es Zeit für eine Pause ist. Behalten Sie diesen Hund diskret im Auge. Vielleicht ist das Spiel für ihn unpassend und Sie müssen eingreifen.

Nicht jedes der hier gezeigten Ausdrucksverhalten bedeutet zwangsläufig, dass der Hund gestresst ist. Sie haben auch andere Bedeutungen.

Achten Sie auf Häufungen folgender Zeichen: Zittern, wenn es nicht kalt ist, geweitete Augen ohne Veränderung der Lichtverhältnisse oder Hecheln, wenn die Umgebung nicht warm ist oder der Hund sich körperlich anstrengt. Zusätzlich zum Hecheln erscheinen auf trockenem Boden feuchte Pfotenabdrücke vom Schwitzen. Der Hund streckt möglicherweise seine Zunge heraus, sabbert oder leckt sich die Lippen, obwohl kein Futter in Sicht ist. Sie sehen vielleicht einen harten, angespannten Körper, zusammengepresste Kiefer oder ein fest geschlossenes Maul. Der Hund könnte erstarren, sich klein machen und versuchen, sich zu verstecken. Vielleicht kratzt er sich, als ob es ihn jucken würde oder er schnüffelt am Boden, obwohl es dort nichts Interessantes gibt. Er könnte eine Vorderpfote anheben oder sich schütteln. Der Hund gähnt vielleicht und blinzelt oder er wendet sich von dem auslösenden Reiz ab. Dann ist es an der Zeit, die Umgebung zu verändern, um diesem Hund zu helfen, sich wohler zu fühlen.

Gewinner, Verlierer und Preise

Das Ziel dieser Spiele ist Gemeinschaft und Lernen. Spiele, bei denen es Gewinner und Verlierer gibt, können diesem Ziel entgegenwirken und eine schlechte Stimmung erzeugen. Es ist kontraproduktiv, „Verlierer" aus dem Spiel auszuschließen, während die anderen Paare weiterspielen. Die ausgeschlossenen Spieler sind wahrscheinlich diejenigen, die das Training am meisten brauchen! Ich habe den Begriff „ausgeschieden" durch „befördert" ersetzt. Ich bevorzuge „befördert", da es den Paaren vermittelt, dass sie die Chance bekommen, ihre Fähigkeiten zu verbessern, anstatt sie nur ein weiteres Mal zu testen. Bei den Spielen weise ich unter der Überschrift „Eine Coaching-Gelegenheit" auf geeignete Übungselemente hin.

Wenn Sie eine Wettbewerbsatmosphäre bevorzugen, lassen sich die meisten Spiele leicht umwandeln, indem man ein Punktesystem einführt, bestimmte Kriterien bewertet oder eine Zeitmessung einführt. Planen Sie eine ausreichend große Vielfalt an Spielen, damit jeder Spieler oder jedes Team einmal glänzen kann. Eine weitere Möglichkeit ist es, dass Sie als Spielleiter jemandem ein Handicap oder besondere Regeln verordnen, um das Team auf ihrem Level zu fördern. Ich bin bekannt dafür, mitten im Spiel die Regeln zu ändern. Das Paar, das am Gewinnen ist, liegt nicht mehr in Führung, wenn Sie plötzlich Start- und Ziellinie vertauschen. Meiner Erfahrung nach konzentrieren sich Teilnehmer, die wissen, dass Sie mitten im Spiel die Regeln ändern, eher auf den Trainingsaspekt und den Spaß mit ihren Hunden als auf den Sieg.

Eine weitere Idee ist, genügend kleine Preise für jeden teilnehmenden Hund zu haben und diese am Ende der Veranstaltung zu vergeben. Sie könnten auch spontan Preiskategorien ausrufen, sodass jedes Paar einen ersten Platz bekommt: Der beste Wedler, der Aufmerksamste, der Schnellste, der Bravste, der Kreativste, „Hat sich am meisten angestrengt", der Querdenker, der Genaueste, der Bestgekleidete, der Größte, der Überlegteste, der Anmutigste, der beste Problemlöser, der Zierlichste, der „Mach's einfach"-Titel, der Höflichste, der Komiker. In Bürobedarfsläden bekommen Sie druckerfreundliches Urkundenpapier.

Im Fachgeschäft können Sie sich Schleifen und Buttons mit Ihrem Logo und dem Wort „Teilnehmer" anfertigen lassen – und jeder bekommt einen. Das ist auch gleich eine gute Werbung. Eine kostengünstigere Möglichkeit sind Online-Lehrerbedarfs- oder Sportgeschäfte, wo Sie einfache Schleifen und Rosetten kaufen können – eine für jeden Spieler.

Ein weiterer Trick bei der Preisvergabe ist, einfach subjektiv ein Unentschieden zwischen den Teams zu erklären. Überreichen Sie jedem Team Süßigkeiten, Aufkleber, witzige Kotbeutel oder andere kleine, lustige oder praktische Geschenke. Am besten haben Sie einen Vorrat an identischen Geschenken, damit jeder das Gleiche bekommt. Ich hatte schon Teilnehmer, die sich darüber beschwert haben, welche Rolle Kottüten sie bekommen haben – jetzt bekommen alle die gleiche Farbe und das gleiche Muster! Wenn Sie ein paar besondere Preise haben, verlosen Sie diese ab und zu unter den Teilnehmern. Sie können auch lokale Unternehmen um Spenden für Ihre Preise bitten. Das kann auch für diese Unternehmen eine gute Werbemöglichkeit sein.

Eine weitere schöne Möglichkeit sind „Bonus-Knochen". Schneiden Sie Knochenformen aus Kartonpapier aus. Gibt es Kinder in Ihrer Familie? Schlagen Sie zwei Fliegen mit einer Klappe, beschäftigen Sie die Kinder und bekommen Sie gleichzeitig Hilfe mit Ihren Spielrequisiten. Diese Übung schult die Feinmotorik der Kinder. Sie können die Knochen mit Aufklebern oder Buntstiften verzieren. Für besondere Vorkommnisse während eines Spiels gibt es einen Bonus-Knochen. Die Teilnehmer können diese in ihren Taschen oder Leckerli-Beuteln sammeln. In der Pause oder am Ende der Veranstaltung schreiben sie ihre Namen auf die Knochen und legen sie in einen großen Hundenapf. Ziehen Sie am Ende der Veranstaltung einige Knochen nach dem Zufallsprinzip für einen besonderen Preis. Ich vergebe keine Bonus-Knochen für den ersten oder besten Platz bei den Spielen, sondern für besondere Leistungen wie besonderen Einsatz, herausragende Fairness, Unterstützung einer anderen Teilnehmerin, guten Umgang mit dem Hund oder effektives Timing beim Belohnen. Sie könnten beginnen, indem Sie jedem Teilnehmer einen Bonus-Knochen geben, wenn er durch die Tür kommt. Zwischen den Spielen könnten Sie Quiz-Fragen stellen wie: Welche Seite des Hundes hat das meiste Fell? Wie hieß Lassies Freund? Wie viele Zähne hat ein Hund normalerweise? (Stellen Sie sicher, dass Sie die Antworten kennen!) Sie können auch Bonus-Knochen vergeben, indem Sie die Teilnehmer bitten, bestimmte Gegenstände zu zeigen: Wer die erste leere Kottüte vorzeigt, bekommt einen Knochen. Bitten Sie die Teilnehmer, ein Bild ihres Hundes zu zeigen. Das größte (oder am schnellsten gefundene) Bild gewinnt einen Bonus-Knochen.

Wie wäre es mit einer Wohltätigkeitsveranstaltung?

Wir haben bereits über Belohnungen für uns selbst gesprochen. Planen Sie voraus. Kündigen Sie vorher an, dass Sie die gewonnenen Punkte der Veranstaltung in Euros umwandeln und das Geld einer wohltätigen Organisation spenden werden. Bitten Sie lokale Unternehmen, Ihre Spende zu verdoppeln. Sie können die Spende auch erhöhen, indem Sie von allen Teilnehmern ein Startgeld verlangen, das ebenfalls an die Wohltätigkeitsorganisation geht. Teilen Sie Ihren Spielern genau mit, für welchen guten Zweck der Erlös gespendet wird.

Unterrichts-Strategien

Vor ein paar Jahren habe ich ein vierhundert Seiten starkes Buch für Ausbilder mit dem Titel „Coaching People to Train Their Dogs" geschrieben. Hier sind einige Punkte aus diesem Buch, mit denen Sie ein effizienterer, effektiver und positiver Ausbilder sein können.

Das Unterrichtsformat.
Der Umriss oder das Gerüst Ihres Unterrichtsstils:

1. Erklären Sie: Auditiv
2. Zeigen Sie: Visuell
3. Beziehen Sie sie ein: Taktil

Erklären Sie (auditiv)

Fesseln Sie Ihr Publikum und beginnen Sie mit „dem Aufhänger" – einer Erklärung, warum es sich lohnt, dieses Spiel zu spielen – welche Vorteile es im Alltag bringt.

Formulieren Sie Ihre Botschaft und Ihr Coaching positiv. Vermeiden Sie Worte wie „nein" und „nicht". Diese Formulierungen sind nicht hilfreich, weil sie nicht erklären, wie etwas richtig gemacht wird. Außerdem können

negative Formulierungen abschrecken. Ersetzen Sie „Nicht…" mit „Lass uns versuchen…". Wenn etwas gut klappt, sagen Sie es Ihren Schülern. Ein gelegentliches „Gut gemacht" an die ganze Gruppe ist in Ordnung, wenn Sie ansonsten häufig spezifischeres und lehrreiches Feedback geben: „Gut gemacht, Jennifer, du hast Fluffys Aufmerksamkeit auf dich und weg von Rocky gelenkt." Halten Sie Erklärungen kurz, indem Sie überlegen, was Sie sagen müssen und es dann kürzen und prägnant formulieren. Verwenden Sie ein Notizbuch, ein Smartphone oder ein altmodisches Klemmbrett, um eine Stichwortliste zu erstellen, auf die Sie regelmäßig einen Blick werfen können. Das verhindert, dass Sie bei Erklärungen abschweifen. Eine der Hauptursachen für das Abschweifen ist, wenn man vergisst, was man als nächstes sagen wollte. Stichwörter auf einem Whiteboard oder Karteikarten in Ihrer Tasche funktionieren ebenfalls gut. Schreiben Sie nicht die gesamte Tagesordnung detailliert an die Tafel. Das könnte Teilnehmer ablenken, die Ihre Notizen zu entziffern versuchen. Manche könnten sich auch sorgen, dass etwas Interessantes ausgelassen wird, wenn Sie Ihren Spielplan (zu Recht!) an die Bedürfnisse der Teilnehmer und zeitliche Beschränkungen anpassen.

Zeigen Sie (visuell)

Ein Bild sagt mehr als tausend Worte. Manchmal hilft eine schnelle Skizze auf einem Whiteboard. Planen Sie vorausschauend und bereiten Sie Diagramme auf einem großen Flipchart oder riesigen Wand-Post-its vor. Vermeiden Sie beim Erklären Begriffe wie „nach links gehen", „gegen den Uhrzeigersinn drehen" oder „nach Norden schauen". Manche Menschen können solche

Informationen nur schwer verarbeiten. Bestücken Sie Ihre Wände stattdessen lieber mit Bildern – hängen Sie Zebra-Plakate an eine Wand, Elefanten-Plakate an eine andere, und verwenden Sie diese als Bezugspunkte: „Alle bitte auf die blaue Linie. Stellen Sie sich auf eine der Karteikarten. Blickrichtung zu den Elefanten." Eine SLA mit einem großen Stoffhund an der Leine ist für visuelle Demonstrationen von unschätzbarem Wert. Wenn Ihre SLA demonstriert, kann es in manchen Fällen vorteilhaft sein, wenn sie in dieselbe Richtung wie die Teilnehmer blickt – mit dem Rücken den Spielern zugewandt und nicht mit dem Gesicht.

Beziehen Sie ein (taktil)

Manche Menschen lernen am besten, wenn sie die Möglichkeit haben, es selbst auszuprobieren. Ein gutes Beispiel ist die richtige Handhabung eines Clickers. Am besten lernen Ihre Schüler, wenn sie den Clicker selbst benutzen, um das richtige Timing zu finden. Ein weiteres Beispiel ist das Gehen an lockerer Leine. Coachen Sie das Paar, während sie an dem Verhalten arbeiten, um besser zu werden, anstatt sich damit aufzuhalten, was sie falsch machen. Lassen Sie das Verhalten gegebenenfalls nochmals vormachen, um zu beurteilen, was die Schüler gelernt haben.

Eine SLA mit einem großen Spielzeughund an der Leine ist für Demonstrationen von unschätzbarem Wert. Bedenken Sie aber, dass das Stofftier die Hunde interessieren oder aufregen könnte. Die SL sollte die Schüler im Auge behalten und die Aktionen des Assistenten beschreiben. Während Ihre SLA vorführt, sollte sie je nach Übung in die gleiche Richtung wie die Teilnehmer orientiert sein – mit dem Rücken zu ihnen stehend anstatt ihnen gegenüber. Die linke Seite der SLA ist nun auch die linke Seite der Teilnehmer, so können sie der Demonstration einfacher folgen. In manchen Fällen spielt dies gar keine Rolle.

Beziehen Sie die Teilnehmer mit ein/coachen Sie sie. Häufig haben Schüler nicht das gelernt, was Sie meinen, Ihnen durch Ihre Erklärungen und Demos beigebracht zu haben. Prüfen Sie das Verständnis: Bitten Sie jemanden, die Anweisungen in seinen eigenen Worten zu wiederholen oder die gelernten Schritte vorzuführen – so können Sie schnell feststellen, ob alles richtig verstanden wurde. Sie können auch erkennen, wenn ein bestimmter Teil der Übung verändert werden muss. Isolieren Sie diesen, verbessern Sie ihn und fügen Sie ihn wieder in die gesamte Übung ein. Erklären Sie, wie das Paar erfolgreicher sein kann, anstatt sich damit aufzuhalten, was es falsch macht.

„Gibt es noch Fragen?"

Es ist gut, nach offenen Fragen zu fragen, aber bedenken Sie, dass Fragen (und Erzählungen!) die Zeit für Spiele verkürzen. „Gibt es irgendwelche Fragen?" kann auch eine Einladung für irrelevante Erzählungen sein und Sie von Ihren Zielen abbringen. Mit etwas Übung lernen Sie, Fragen höflich und effektiv zuzulassen und sie zu beantworten, ohne dabei unnötige Verzögerungen enstehen zu lassen. Anstatt eines allgemeinen „Gibt es irgendwelche Fragen?" fragen Sie spezifischer: „Weiß jeder was zu tun ist, wenn er an der Reihe ist?" Wenn sich eine Frage in einen Witz oder eine Geschichte verwandelt, lächeln Sie, geben Sie einen Ein-Satz-Kommentar wie „Das ist toll", „Interessant!", „Du machst Witze!" und geben Sie dann eine relevante Information, während Sie weitermachen. Es ist ein Balanceakt. Seien Sie freundlich: Für manche Menschen ist eine Spiel-Stunde bei Ihnen der soziale Höhepunkt des Monats. Seien Sie verantwortungsbewusst: Wenn die Erzählung etwa so lautet: „Als ich das mal gemacht habe hat mein Hund (…)", danken Sie der Person für die Information und fahren Sie mit Ihrem Plan fort. Notieren Sie sich den Namen der Person auf Ihrem mentalen Spickzettel oder Ihrem „Parkplatz-Plakat" und haken Sie nach dem Unterricht nach, auch wenn es nur darum geht, jemanden zu empfehlen, der helfen könnte.

Immer, wenn ich einen Kurs oder ein Seminar gebe, hänge ich ein großes Blatt Papier mit der Aufschrift „Parkplatz" an die Wand. Sie können es mit einer netten Parkplatz-Illustration versehen. Wenn es aus irgendeinem Grund unpassend ist, eine Frage sofort zu beantworten, schreibe ich die Frage oder den Namen der fragenden Person auf das Poster, um sicherzustellen, dass alle Fragen beantwortet werden.

Verwendung eines Marker-Signals beim Coaching von Menschen

Es wird kaum vorkommen, dass Sie während einer Spiel-Stunde nicht jemanden individuell coachen müssen. Um den Schülern bewusst zu machen, was genau Sie meinen, sollten Sie den Teil der Übung isolieren und der Schüler sich zunächst nur darauf konzentrieren. Heben Sie sich weitere Punkte für später auf. Sagen Sie Ihren Schülern, was sie tun sollen, und nicht, was sie lassen sollen. Beschränken Sie Ihren Fokuspunkt auf fünf Wörter oder weniger: „Fokuspunkt: Musik stoppt, gib Sitzzeichen." Wenn Sie sehen, dass dieser Aspekt der Übung richtig ausgeführt wird, können Sie ihn mit „Ja" markern. Ignorieren Sie zunächst fehlerhafte Versuche (es sei denn, sie stellen eine Gefahr für den Hund oder seine Umgebung dar), wiederholen Sie den Fokuspunkt und bitten Sie, es erneut zu versuchen. Es wird Ihre Teilnehmer motivieren, ein „Ja" zu erhalten und diesen Teil der Aufgabe erfolgreich abzuschließen. Für eine detaillierte Beschreibung der Methode, wie man Markertraining auch mit Menschen umsetzt, können Sie „TAG, Teaching with Acoustical Guidance" in Ihre Suchmaschine eingeben.

Nutzen Sie Ihre Zeit effizient

Es ist wahrscheinlicher, dass der SL die Zeit ausgeht, als dass ihr die Spiele ausgehen. Die Uhr und das Raster unten helfen Ihnen, Ihre Zeit zu planen. Listen Sie auf, was Sie in jedem Fünf-Minuten-Segment machen wollen. Planen Sie die „wichtigen" Spiele zuerst ein und solche, die möglicherweise mehr Zeit in Anspruch nehmen. Halten Sie ein paar kürzere Spiele „auf Vorrat", die gut in die verbleibende Zeit passen. Versuchen Sie, nicht zu überziehen. Menschen haben ihren Tag um andere Verpflichtungen herum geplant. Hunde und Menschen werden müde und verlieren die Konzentration. Menschen müssen um die Uhrzeit nach Hause kommen, die sie dem Babysitter versprochen haben. Manche Leute wollen vielleicht nicht bei Dunkelheit Auto fahren. Fünfzig Minuten bis eine Stunde sind eine gute Dauer. In der Regel sind die Teilnehmer dann glücklich und wollen mehr – ein guter Abschluss für die Spielveranstaltung.

Planen Sie Ihre Spiele

05 ....
10 ....
15 ....
20 ....
25 ....
30 ....
35 ....
40 ....
45 ....
50 ....

Die Spiele!

Reihenfolge im Buch

Die ersten sechs Spiele eignen sich besonders gut dazu, dass der Spielleiter die Fähigkeiten der teilnehmenden Hunde und Menschen einschätzen kann. Die nächsten Spiele konzentrieren sich auf grundlegende gute Verhaltensweisen. Anschließend folgen Spiele mit mehr Ablenkung oder Signale auf Distanz. In dieser Gruppe finden sich auch einige Apportier- und Suchspiele. Gegen Ende des Buches gibt es einige Spiele, die sich leicht für besondere Anlässe anpassen lassen. Um beiden Seiten der Leine gerecht zu werden, sind im letzten Abschnitt einige Spiele nur für Menschen aufgeführt.

Spiele für eine Mottoparty

Geeignete Musik, Dekoration, die richtigen Getränke, Snacks und Preise verwandeln Spiele in eine Mottoparty! Feiertage, der Jahreszeitenwechsel, aktuelle Ereignisse – all diese Anlässe können die Gestaltung einer besonderen Feier inspirieren. Planen Sie im Voraus – wenn Geschäfte ihre saisonalen Waren zu Rabattpreisen anbieten, decken Sie sich mit Vorräten für das nächste Jahr ein. Kaufen Sie thematisch passenden Stoff und schneiden Sie 50x50 cm Quadrate, die Hunde (und Menschen?) als Halstücher tragen können. Wenn Sie eine Zickzackschere verwenden, brauchen Sie den Stoff nicht zu säumen. Wie wäre es mit „Hundetraining rund um die Welt"? Eine Strandparty? Eine Sport-Olympiade? Blättern Sie durch dieses Buch und Sie werden passende Spiele finden. Mithilfe Ihrer Suchmaschine finden Sie Lehrmittelgeschäfte, Werbeartikelfirmen und Partyshops, die interessante Requisiten und Preise anbieten.

Ich sehe was, was Du nicht siehst

Voraussetzungen und Vorteile

Wir spielen dieses Spiel bei jedem ersten Treffen unserer Erziehungskurse, um zu sehen, wie die Leute mit ihren Hunden umgehen und wie die Hunde sich dabei verhalten. Die persönliche Ansprache mit dem jeweiligen Hundenamen fördert zudem das Gemeinschaftsgefühl unter den Teilnehmern. Geeignet zur Evaluierung.

Aufbau

Die Personen sitzen auf Stühlen, mit ihren Hunden an der Leine. Halten Sie genügend Abstand zwischen den Spielern. Bestimmen Sie für jedes Paar ein „Nachbar"-Paar.

Beschreibung

Die beiden benachbarten Paare stellen sich gegenseitig vor. Die Menschen bleiben sitzen und benennen abwechselnd verschiedene Körperteile des jeweils anderen Hundes. Der Partner dieses Hundes berührt seinen eigenen Hund an dem ausgerufenen Körperteil.

Beispiel: Bettina mit Fluffy und Johanna mit Luna

Bettina: Ich sehe was, was Du nicht siehst und das sind Lunas Pfoten. Johanna berührt Lunas Pfote.

Johanna: Ich sehe was, was Du nicht siehst und das ist Fluffys Rute. Bettina berührt Fluffys Rute.

Bettina: Ich sehe Lunas Zähne. Johanna berührt Lunas Zähne.

Johanna: Ich sehe Fluffys Ohr. Bettina berührt eines von Fluffys Ohren.

Die SL und SLA können dieses Spiel mit zwei Spielzeughunden vorführen. Spezifizieren Sie nicht mit links oder rechts, vorne oder hinten, da dies nur eine weitere Schwierigkeitsstufe mit sich bringt, die nicht wirklich wichtig ist. Demonstrieren Sie sanfte, langsame Berührungen.

Eine Coaching-Gelegenheit

Wenn die SL bemerkt, dass sich ein Hund mit der Berührung unwohl fühlt, beenden Sie das Spiel an dieser Stelle und seien Sie bereit, zur nächsten Übung überzugehen. Später kann die SL die betreffende Person beiseite nehmen und kurz darauf hinweisen, dass es so aussah, als ob es Fluffy unangenehm war, an der Pfote berührt zu werden. Gehen Sie später gegebenenfalls näher darauf ein. Verhindern Sie, dass die Spieler die Regeln ändern und gegenseitig den jeweils fremden Hund anfassen.

Drei-Sekunden-Party

Voraussetzungen und Vorteile

Die Hunde üben, sich auch bei Ablenkung auf ihren Partner zu konzentrieren. Dies ist eine gute Basisübung, um später weitere Verhaltensweisen zu kombinieren, z. B. begeisterte Belohnungs-Party für den erfolgreichen Rückruf. Geeignet für die Evaluierung.

Aufbau

Sorgen Sie für ausreichend Abstand zwischen den Hunden, da sie in Erregung kommen könnten. Jedes Paar benötigt eine Leine, Futter und/oder Spielzeug.

Beschreibung

Wenn die SL „Los“ sagt, sollte jede Person versuchen, für drei Sekunden die volle Aufmerksamkeit von ihrem Hund zu bekommen. Der Hund sollte sich innerhalb einer Körperlänge von seinem Partner aufhalten, an der Leine, aber sonst ist alles erlaubt, Futter, Streicheln, Spielzeug. Jede Person muss die Aufmerksamkeit ihres eigenen Hundes bei sich behalten. Wenn sie nicht interessant genug ist, könnte er sich einer spannenderen Person zuwenden. Die SL zählt laut mit: „21", „22", „23" – dann ist die Party vorbei!

Spielvarianten

Optionale Regel: Nach dem Startsignal sagt der Mensch den Namen des Hundes und startet dann die Party. Auf diese Weise wird der Name des Hundes sehr positiv belegt. Die Position des Hundes ist nicht ausschlaggebend, aber er sollte sich ganz offensichtlich mit seinem Menschen beschäftigen. Achten Sie auf den Erregungslevel. Sie könnten dies zu einer „Ohne-Futter"-Übung machen, dann muss der menschliche Partner sich allein auf seinen Charme verlassen.

Eine Coaching-Gelegenheit

Da manche Menschen nicht so gut spontan loben können, bitten Sie jeden Teilnehmer, Ihnen zu erzählen, was er in den drei Sekunden tun möchte. Die SL entscheidet, ob es andere in der Nähe zu sehr ablenken könnte. Empfehlung: keine Bälle, es sei denn es ist ein Seil daran befestigt, damit sie nicht in den Bereich eines anderen Hundes rollen können. Quietsch-Spielzeuge könnten andere Hunde zu stark erregen. Haben Sie Hunde im Auge, die Futter verteidigen. Herumspringen und lautes, ungestümes Loben kann andere Hunde in Alarmbereitschaft versetzen. Ein Hund interessiert sich nicht für seinen Menschen? Eine SLA nimmt das Paar beiseite und gibt eine kurze Hilfestellung, wie der Mensch spannender sein kann und/oder sie sorgt für weniger Ablenkung für das Paar. Dies ist kein „Schau mir drei Sekunden lang in die Augen"-Spiel. Es ist ein generalisierter, stark verstärkter Fokus.

WÜRFELSPIEL

Voraussetzungen und Vorteile

Die Hunde sollten Erfahrung mit den Verhaltensweisen haben, die Sie auf den Würfel schreiben (z. B. „Sitz", „Platz"). Dieses Spiel arbeitet an der Signalkontrolle. Geeignet für die Evaluierung.

Aufbau

Fertigen Sie aus einem quadratischen Karton einen großen Würfel; zwischen 30 und 45 cm ist eine gute Größe. Sie können ihn mit weißem Papier bekleben. Malen Sie die schwarzen Würfelpunkte auf den Karton. Auf die Seite mit den sechs Punkten schreiben Sie „JOKER", auf zwei weitere Seiten schreiben Sie „Sitz", auf weitere zwei Seiten „Platz" und auf die letzte Seite „Loben".

Beschreibung

Das Spiel wird in kleinen Gruppen von zwei oder drei Paaren gespielt. Die Paare bilden eine Reihe mit dem Blick zur SL oder SLA, die den großen Würfel rollt. Alle Paare führen gemeinsam die Übung aus, die oben auf dem Würfel steht, und zwar so viele Sekunden lang, wie Punkte auf der oberen Seite sind. Beispiel: Der erste Wurf zeigt drei Punkte und das Wort „Sitz". Die Spieler lassen ihre Hunde drei Sekunden lang sitzen. Wird der JOKER gewürfelt, darf das Paar seine Lieblingsübung ausführen, während die SL bis sechs zählt.

Spielvarianten

Wenn es sich um ziemliche Anfänger handelt, können Sie den Würfel für jedes Paar einzeln würfeln. Das erhöht zwar die Wartezeit für die anderen, kann aber den Druck verringern, das Paar zu sein, das den nächsten Würfelwurf aufhält.

Zu Beginn verlangen Sie vielleicht noch nicht, dass die Hunde in der gewürfelten Position für die Dauer der Punkte verharren. Die Hunde führen das Verhalten einfach aus und werden sofort belohnt.

Eine Coaching-Gelegenheit

Das Spiel ist Training und kein Wesenstest. Wenn Sie es für angebracht halten, können Sie einen kurzen Einblick in das Prinzip der Gegenkonditionierung geben: Das Geräusch des fallenden Würfels verspricht ein Leckerli. Es ist wichtig, dabei die richtige Reihenfolge zu beachten: Erst nimmt der Hund das Geräusch des Würfels wahr, dann wird ein Leckerli gegeben. Nicht gleichzeitig und nicht in umgekehrter Reihenfolge. Wenn die Teilnehmer einen Clicker verwenden, achten Sie auch auf das richtige Timing des Markers. Vorsicht, das Klappern des Würfels auf einer harten Oberfläche kann einige Hunde beunruhigen. Erwähnen Sie die systematische Desensibilisierung und erklären Sie, dass Sie in größerer Entfernung beginnen und darauf achten, dass die Hunde keine Stresszeichen zeigen (siehe Seiten 25 bis 28 zum Ausdrucksverhalten). Erklären Sie, dass Sie beim nächsten Mal etwas näherkommen werden, solange sich die Hunde wohlfühlen. Hören Sie auf, wenn es gut klappt und warten Sie nicht erst, bis die Hunde negativ reagieren.

Drei gewinnt

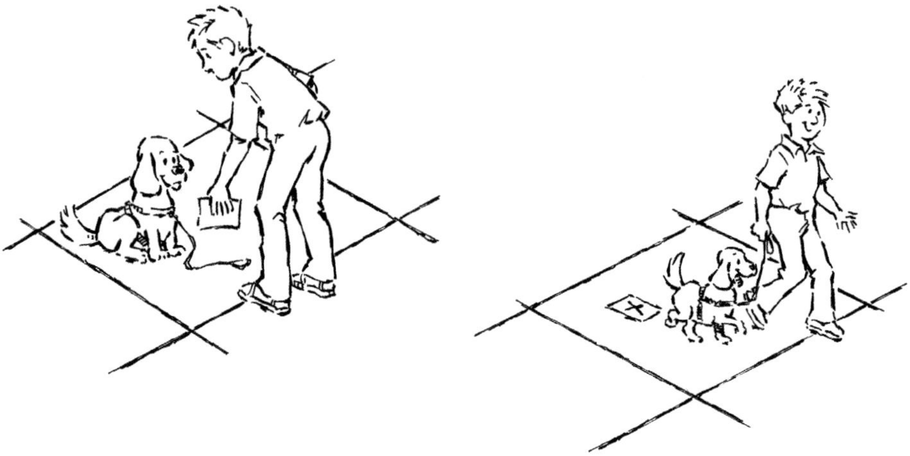

Voraussetzungen und Vorteile

Ein wenig Erfahrung mit Basisverhalten wie Sitz, Platz und Leinenführigkeit sind erforderlich. Die SL kann diese Fähigkeiten beobachten. Wie der Hund seine Komfortzone verlässt und sich an einen neuen Ort begibt (während aller Augen auf ihn gerichtet sind!), kann ebenfalls bewertet werden. Zur Evaluierung geeignet.

Aufbau

Fertigen Sie ein großes (mindestens 4,5 x 4,5 Meter) Drei-gewinnt-Raster auf dem Boden. Wollen Sie das Spielfeld später auch für fortgeschrittene Versionen verwenden, planen Sie das beim Erstellen des Rasters ein. Der größte Hund sollte so viel Platz haben, dass er sich hinlegen kann, ohne die Hunde in den angrenzenden Feldern zu bedrängen. Jedes Paar wartet an einem festgelegten Startplatz, der vom Raster weiter entfernt ist, bis es an der Reihe ist.

Beschreibung

„Drei gewinnt mit Pause" ist die einfachste Version von „Drei gewinnt". Die Paare warten auf ihren Start an einem weiter entfernten Startpunkt. Die SL gibt einem Paar das Startzeichen, mit ihrem Zug zu beginnen. Die Person bestimmt ein Feld ihrer Wahl und geht mit ihrem Hund an der Leine dorthin. Der Hund bleibt stehen, sitzt oder legt sich hin, je nachdem, was seine Partnerin bevorzugt, die währenddessen bis drei zählt. Anschließend kehren sie zu ihrem Startplatz zurück.

Spielvarianten

Auf Seite 61 finden Sie mehrere fortgeschrittene Versionen von „Drei gewinnt".

Eine Coaching-Gelegenheit

Bei Spielen, die zur Evaluierung gespielt werden, sollten Sie und Ihre Assistentinnen den Spielern helfen, die Übung erfolgreich zu bestehen. Erinnern Sie Ihre Spieler ans Atmen! Wenn es auf dem Weg zum Quadrat Schwierigkeiten gibt, wird das Paar befördert. Das bedeutet, dass Mensch und Hund zurück zu ihrem Startpunkt gehen, um dort von einer SLA Nachhilfe zu bekommen, während das nächste Paar spielt. Nach dem Coaching versucht es das ursprüngliche Paar erneut.

Die SL kann die anderen Teilnehmer um Mithilfe bitten, indem sie ihre eigenen Hunde daran hindern, andere anzustarren. Wer am Rand wartet, kann sich etwas vom Team in der Mitte wegdrehen.

Die Stadionwelle

Voraussetzungen und Vorteile

Etwas Erfahrung mit Sitz und Platz sollte der Hund haben, um mit Ablenkung üben zu können. Der Mensch übt, auf seinen eigenen Hund und alles, was um ihn herum passiert, zu achten. „Ein Auge für den Hund und ein Auge für alles andere".

Aufbau

Bilden Sie eine Linie auf dem Boden – das ist die Sitzreihe in einem Stadion. Entlang dieser Reihe platzieren Sie Platzhalter – das sind die Sitzplätze. Lassen Sie genügend Platz zwischen den Sitzplätzen. Die Hunde werden an den Markierungen in die Sitzposition gebracht. Sorgen Sie für mitreißende Stadionmusik.

Beschreibung

Wählen Sie ein Paar am Ende der Reihe, das beginnt. Wenn die Musik erklingt, sagt die SL „Tor" und die Welle beginnt. Die erste Person gibt ihrem Hund das Zeichen zum Ablegen und dann zum Sitz. Die zweite Person in der Reihe beobachtet sie. Sobald der erste Hund wieder sitzt, ist dies das Signal für die zweite Person, ihren Hund ins Platz und dann ins Sitz zu bitten. Jedes Paar beginnt mit dem Ablegen, wenn der Hund vor ihnen wieder in die Sitzposition geht. Zur Evaluierung geeignet.

Eine Coaching-Gelegenheit

Spielen Sie mehrere Durchgänge, da die Spieler mit der Zeit immer besser werden. Loben Sie die Gruppe für ihr Multitasking – auf das eigene Signal zum Starten zu warten und dann dem eigenen Hund das Zeichen zum Ablegen und dann zum Sitzen zu geben. Nachdem Sie die Teilnehmer bei der ersten Welle beobachtet haben, können Sie eine kurze Trainingseinheit einfügen. Erwähnen Sie, was offensichtlich gut funktioniert hat und merken Sie an, wie sich die Spieler verbessern können. Weisen Sie auf die Schwierigkeit hin, wenn Hunde nicht gewohnt sind, vom Platz ins Sitz zu kommen. Geben Sie ein paar hilfreiche Tipps. Dies könnte ein guter Zeitpunkt sein, um die Vor- und Nachteile des Lockens und Körpersignale zu besprechen.

Buchstaben laufen

Voraussetzungen und Vorteile

Das Konzept der lockeren Leine sollte grundsätzlich vorhanden sein. Mit diesem Spiel feilen Sie am Leinegehen, bei dem der Hund sehr nah am Menschen bleiben soll.

Aufbau

Kleben Sie auf den Boden die Umrisse mehrerer Großbuchstaben. Jeder Buchstabe sollte zwischen zweieinhalb und drei Meter groß sein.

Beschreibung

Die Partner laufen gemeinsam so genau wie möglich auf den Buchstaben. Jedes Mal, wenn sie zu einer kreuzenden Linie kommen, müssen sie anhalten und der Hund setzt sich. Um alle Linien eines Buchstabens abzulaufen, muss das Paar eventuell zurückgehen oder einen Abschnitt doppelt laufen. Die häufigen Richtungswechsel helfen beiden Enden der Leine, aufeinander zu achten. Wenn nur ein einfacher Buchstabe verwendet wird, eignet sich diese Übung zur Evaluierung.

Spielvarianten

Wählen Sie einfache Buchstaben wie das C – es hat nur eine Strecke und ein Sitz. Schwierigere Buchstaben wie das A erfordern spitze Winkel und viele Sitz-Positionen. Hat jemand Geburtstag? Verwenden Sie dessen Namen für diese Übung.

Eine Coaching-Gelegenheit

Sprechen Sie über die persönliche Zielsetzung und helfen Sie den Teilnehmern, ihre eigenen Kriterien für präzises Fußgehen im Vergleich zum eher informellen Gehen an der lockeren Leine zu überprüfen. Beauftragen Sie eine SLA, die Paare beim Erreichen ihrer Ziele zu unterstützen. Die Übung könnte mit einer Evaluierungsrunde von ein oder zwei Buchstaben beginnen, gefolgt von einer Coaching-Einheit und schließlich einem zweiten Durchlauf der Buchstaben.

Flussüberquerung

Voraussetzungen und Vorteile

Mit diesem Spiel können Sie das Gehen an lockerer Leine üben und die Hunde können auf sichere Weise Nähe zu anderen Hunden erfahren.

Aufbau

Markieren Sie die beiden Ufer eines Flusses mit Linien im Abstand von etwa drei bis viereinhalb Metern. Bilden Sie zwei Teams mit jeweils einer SLA als Trainer. Markieren Sie an zwei Stellen mit beliebigen Platzmarkierungen (Hoola-Hoop-Reifen, bunte Stücke Plastikfolie, Fußmatten o. ä.) – den „Trittsteinen" – zwei Wege zur Flussüberquerung im Abstand von etwa drei Metern zueinander. Jedes Team hat seinen eigenen Weg aus Trittsteinen. Es sollten mehr als doppelt so viele Steine sein wie Hunde in jedem Team sind.

So hat jeder Hund mehrmals die Gelegenheit, sich auf einen Stein zu setzen, bevor er auf die andere Seite gelangt.

Beschreibung

Ziel ist es, dass die Paare über die Trittsteine von einem zum anderen Ufer gelangen. Das erste Paar geht (schwimmt!) zum nächstgelegenen Stein. Der Hund setzt sich darauf, sein Partner steht neben ihm. Wenn der Hund auf seinem Felsen sitzt, sagt die SLA, die für dieses Team verantwortlich ist, „nächster" und das zweite Paar schwimmt in der Mitte des Flusses zum zweiten Felsen und setzt sich auf diesen. So geht es weiter, bis keine Hunde mehr am ersten Ufer sind. Es befinden sich aber noch viele unbesetzte Felsen im Fluss. Der Hund auf dem ersten Felsen bewegt sich auf Anweisung der SLA von seinem Felsen und schwimmt in der Mitte des Flusses zum nächsten leeren Felsen hinunter.

Wenn er angekommen ist, geht das zweite Paar zum nächsten leeren Felsen und so weiter, bis alle von den Felsen weg und am gegenüberliegenden Ufer sind.

Spielvarianten

In einer fortgeschrittenen Version kann sich der menschliche Partner ein Stück von seinem Hund entfernen und ihn allein auf dem Felsen sitzen lassen.

Wenn Sie das Spiel als Wettbewerb gestalten wollen, gewinnt das Team, das als erstes den Fluss vollständig zum gegenüberliegenden Ufer überquert hat.

Für mehr Spannung kann der SLA, des jeweiligen Teams „Krokodil, Krokodil!" rufen, wenn sich ein Hund aus der Sitzposition bewegt, und alle Hunde dieses Teams müssen zum Startpunkt zurückkehren. Wenn das vermeintliche Krokodil weg und Entwarnung gegeben ist, können die Hunde mit der Flussüberquerung weitermachen.

Eine Coaching-Gelegenheit

Die SL kann auf Rücksicht gegenüber den anderen auf den Felsen hinweisen und Möglichkeiten zeigen, wie die Übung für die gesamte Gemeinschaft erfolgreich gestaltet werden kann.

Ziehe eine Karte

Voraussetzungen und Vorteile

Mit Ihrer Auswahl der Übungskarten legen Sie die Voraussetzungen fest. Das Spiel erfordert Ruhe und Konzentration im organisierten Chaos. Mehrere Paare werden gleichzeitig verschiedene Verhaltensweisen ausführen. Dabei lernen die Spieler Strategien, wie sie sich gegenseitig höflich aus dem Weg gehen können.

Aufbau

Sie benötigen eine große Spielfläche. Verteilen Sie die Übungskarten verdeckt in der Mitte der Fläche. Sie benötigen ein Zeitmessgerät.

Beschreibung

Stellen Sie den Timer auf zwei Minuten. Die Gruppe geht in die Mitte und jedes Paar wählt eine Karte. Es führt diese Übung aus oder legt, wenn es ihm lieber ist, die Karte verdeckt zurück und nimmt eine andere. Es ist wichtig, dass die Übung richtig ausgeführt wird! Ein SLA beobachtet und coacht, wenn nötig! Der Spieler sammelt die ausgeführte Übungskarte ein und wählt eine weitere, bis die Zeit abgelaufen ist.

Spielvarianten

Sie mögen den Wettkampf? Der Spieler oder das Team, das nach Ablauf der Zeit die meisten Karten hat, gewinnt. Um das Gewinnen unvorhersehbarer zu machen, schreiben Sie Punkte auf die Karten und addieren die Punkte statt der Anzahl der Karten.

Multitasking mit einer größeren Anzahl von Spielern: Unter der Aufsicht eines SLA bildet die Hälfte der Paare einen Kreis und hilft ihren Hunden, im Sitz oder Platz zu bleiben, während die andere Hälfte in der Mitte das Kartenspiel spielt. Für jeden Hund, der sitzen bleibt, kann ein Punkt zum Ergebnis des Teams addiert werden. Die SL kann mehrere Runden leiten, mischt aber zwischen den Runden den Kartenstapel.

Eine Coaching-Gelegenheit

Lassen Sie alle Spieler als Aufwärmübung vor dem Spiel ein paar Übungen gemeinsam in der Gruppe durchführen. Bei dieser Gelegenheit können Sie Trainingstipps geben.

Grünes Licht

Voraussetzungen und Vorteile

Grundkenntnisse wie Sitz und Platz und das Gehen an der Leine sind hilfreich.

Aufbau

Legen Sie eine Start- und eine Ziellinie fest. Sorgen Sie, wenn möglich, für viel Platz dazwischen. Paare machen bei diesem Spiel schnell viel Strecke.

Beschreibung

Die Spieler bilden eine Reihe auf der Startlinie. Eine SLA wird zum „Lotsen" beauftragt und steht mit dem Rücken zu den Spielern auf der Ziellinie. Die Paare stellen sich auf der gegenüberliegenden Linie mit Blick auf den Lotsen auf. Die SL beginnt das Spiel, indem sie „Grün!" ruft. Daraufhin beginnen die Spieler, an der Leine in Richtung Ziellinie zu laufen. Gleichzeitig mit „Grün!" dreht der Lotse sich um, ruft eine Position wie „Sitz" oder „Platz" und zählt laut bis drei. Hunde, die bei „drei" nicht in der Position sind, müssen zurück zur Startlinie gehen und mit dem nächsten grünen Licht von vorne beginnen. Das erste Paar, das die Ziellinie erreicht, gewinnt. Es kann sein, dass Sie immer nur eine Gruppe Spieler laufen lassen können. Wenn Sie in mehr als einer Gruppe spielen, gibt es ein Stechen zwischen den Gewinnern.

Spielvarianten

Wenn Ihnen der Platz zu schnell ausgeht, rufen Sie eine „Kehrtwende" aus. Die Spieler gehen in die andere Richtung. Die Startlinie ist nun die neue Ziellinie.

Eine Coaching-Gelegenheit

Mit diesem Spiel kann die SL die Latenz (eine schnelle Reaktion auf ein gegebenes Signal) und die Geschwindigkeit (das Verhalten schnell abschließen, sobald es begonnen wurde) veranschaulichen und daran arbeiten.

Ich ziehe den Hut vor Dir

Voraussetzungen und Vorteile

Dieses Spiel deckt den unbewussten, übermäßigen Einsatz von Körpersprache des Menschen beim Rückruf auf. Wenn der Mensch den Kopf stillhält, ist sichergestellt, dass der Hund auf das verbale Signal reagiert und nicht auf die Körperbewegung.

Aufbau

Bereiten Sie Start- und Zielmarkierungen vor. Halten Sie eine Frisbeescheibe bereit, die der Mensch auf dem Kopf balancieren kann.

Beschreibung

Der Hund bleibt an der Startlinie zurück. Seine Partnerin geht zur Zielmarkierung, dreht sich um und steht ihrem Hund gegenüber. Sie legt sich eine Frisbee-Scheibe oder einen ähnlichen weichen, leichten Gegenstand auf den Kopf und ruft ihren Hund, ohne ihre Kopfbedeckung zu verlieren.

Spielvarianten

Um das Spiel anspruchsvoller zu gestalten, soll die Leine am Geschirr oder Halsband befestigt werden, wenn der Hund ankommt – natürlich mit dem „Hut" auf dem Kopf! Dieses Spiel kann auch von einer Rückrufübung in eine Leinenführigkeitsübung umgewandelt werden.

Eine Coaching-Gelegenheit

Als Aufwärmübung könnten Sie die Hunde an die auf den Boden fallende Frisbeescheibe und das Geräusch gewöhnen. Die SL könnte daraus eine Gegenkonditionierungs-Übung machen: Der Anblick einer Scheibe kündigt ein Leckerli an. Das Geräusch der Scheibe, die auf den Boden fällt, bedeutet ein Leckerli.

Hauchdünne Leine

Voraussetzungen und Vorteile

Die Hunde sollten schon etwas Erfahrung im Gehen an lockerer Leine haben. Das Spiel erfordert vom Menschen erhöhte Konzentration auf die Leinenspannung.

Aufbau

Organisieren Sie einen sicheren, abgegrenzten Bereich und lassen Sie nur verträgliche Hunde zur Teilnahme zu. Markieren Sie einen Laufweg. Bereiten Sie ausreichend hauchdünnes Leinenmaterial vor. Sie können zum Beispiel schmales Papierband oder ein Stück Wollfaden verwenden. Wenn Sie mögen, binden Sie einfach ein kleines Stück der hauchdünnen Leine zwischen dem Karabiner und dem Halsband fest. Für die fortgeschrittene Version benötigen Sie weitere Requisiten.

Beschreibung

Ersetzen Sie die Leine jedes Hundes mit einer hauchdünnen Leine. Die Paare laufen durch einen vorgegebenen Parcours. Eine gerissene Leine zeigt, dass Aufmerksamkeit und Konzentration noch ein bisschen mehr Arbeit benötigen. Die Spielleiterin ruft Anweisungen, die sie nach Belieben variieren kann: „Gehen Sie mit Ihrem Hund", „Setzen Sie Ihren Hund hin", „etwas schneller", „Hunde legen sich hin", „gehen Sie jetzt ganz langsam" oder „drehen Sie sich um und gehen Sie in die andere Richtung".

Spielvarianten

Fortgeschrittenen-Parcours: Seien Sie kreativ und bauen Sie ein paar Hindernisse in den Parcours ein.

Eine Coaching-Gelegenheit

Erklären Sie den Teilnehmern die Unterschiede zwischen dem Spazierengehen und der präziseren, kontrollierten Leinenarbeit sowie die Notwendigkeit und Anwendung beider Verhaltensweisen an der Leine. Wenn eine Leine zerrissen wird, werden die Partner nicht eliminiert, sondern zu einer kurzen Lektion mit einer SLA „befördert", bevor sie wieder ins Spiel einsteigen. Eine andere Möglichkeit: Geben Sie dem Paar die reguläre Leine zurück.

Komm in Form!

Voraussetzungen und Vorteile

Ein Grundgehorsam der Hunde ist hilfreich. Dieses Spiel ermöglicht den Teilnehmern, durch Beobachten der anderen Teams zu lernen. Es hilft ihnen, sich nicht auf das zu konzentrieren, was falsch läuft, sondern das Positive hervorzuheben.

Aufbau

Bereiten Sie Klebezettel vor, indem Sie eine gleiche Anzahl von Kreisen, Quadraten und Dreiecken darauf zeichnen. Teilen Sie Ihre Spieler in drei gleich große Gruppen ein, indem Sie ihnen einen Formaufkleber an die Kleidung kleben. Achten Sie darauf, je Form eine gleiche Anzahl zu verteilen. Informationen zur Herstellung von Übungskarten finden Sie auf Seite 22f. Verteilen Sie die Karten auf drei Schalen oder Schachteln. Jede Schale wird mit einem Quadrat, einem Kreis oder einem Dreieck markiert. Markieren Sie eine kreisförmige Spielfläche. Legen Sie in regelmäßigen Abständen einen Platzmarker auf den Kreis, damit die Spieler ihre Abstände untereinander einhalten. Aus dieser Position können Sie auch die anderen Spieler gut beobachten.

Beschreibung

Ordnen Sie die Paare auf den Markierungen so an, dass die Formen gleichmäßig verteilt sind. Zum Beispiel: Kreis, Viereck, Dreieck, Kreis, Viereck, Dreieck, usw. anstatt alle einer Form zusammen. Sie können auch vorab die Formen auf den Platzmarkern kennzeichnen. Wenn alle bereit sind, zieht eine SLA eine Karte aus der ersten Schale. Die Spieler mit der Form dieser Schale führen die Übung gemeinsam aus. Weisen Sie die Spieler der anderen Form an, die ausführenden Paare gut zu beobachten und sich bei jedem Paar etwas Positives zu merken. Diese Spieler sollten bereit sein, den ausführenden Paaren ein positives Feedback zu geben, sobald die SL zu Kommentaren einlädt.

Eine Coaching-Gelegenheit

Möglicherweise müssen Sie als SL die erste Runde selbst vormachen. Hier ist ein Vorschlag, wie Sie das Spiel beginnen könnten:

Quadrate, Ihr seid zuerst dran. Kreise und Dreiecke, bitte beobachtet die Quadrate und merkt Euch etwas, was gut oder effektiv gelungen ist. Hat die Person gelächelt? War die Person geduldig, als ihr Hund Schwierigkeiten hatte? Hat der Hund sofort auf das Signal reagiert? Merken Sie sich das und halten Sie sich bereit, der Gruppe davon zu erzählen. Quadrate, auf Eurer Karte steht: „Geben Sie Ihrem Hund das Sitz-Signal und gehen Sie im Kreis um ihn herum. Helfen Sie ihm, sitzen zu bleiben." Bereit? Los gehts. Toll! Super! Dazu habe ich etwas zu sagen! Kristy hat sich versichert, dass Brady ruhig sitzt und konzentriert war, bevor sie ihre Runde um ihn herum begann. Gut gemacht. Als Nächstes sind die Dreiecke an der Reihe, also Kreise und Quadrate, haltet Euch bereit. Wenn die Dreiecke fertig sind, werde ich um einen Freiwilligen bitten, der mir etwas Tolles erzählt, das ihm aufgefallen ist.

Drei gewinnt – Fortgeschritten

Voraussetzungen und Vorteile

Etwas Erfahrungen mit grundlegenden Verhaltensweisen wie Sitz, Platz und Leinenführigkeit sind erforderlich.

Aufbau

Legen Sie ein großes (mindestens 4,5 x 4,5 m) Drei-gewinnt-Raster auf dem Boden aus. Der größte Hund sollte so viel Platz haben, dass er sich hinlegen kann, ohne die Hunde in den angrenzenden Feldern zu bedrängen. Jedes Paar wartet auf seinem festgelegten Startpunkt in einiger Entfernung zum Raster, bis es an der Reihe ist. Je nach Spiel-Version benötigen Sie eventuell einige Gegenstände, die als Spielfiguren verwendet werden.

Beschreibung

Eine sehr einfache Version, die zur Evaluierung geeignet ist, finden Sie auf Seite 43. Sie wird als erste Version der Drei-gewinnt-Spiele im Folgenden wiederholt. In allen Versionen wird das gemeinschaftliche Miteinander gefördert sowie an der Hundeausbildung gefeilt. Die Teams werden ausgewählt und jeweils „O" und „X" zugeteilt. Reihum wählt ein Paar eines der neun Felder im Raster aus und besetzt es. Dort wird ein bestimmtes Verhalten vom Hund verlangt. Nach den klassischen Regeln verliert das Paar seinen Zug, wenn der Hund die Übung nicht korrekt ausführt. Ich bezeichne das lieber als „Beförderung" und lasse das Paar das Spielfeld für eine kurze Trainingseinheit mit einer SLA verlassen. Anschließend kommt es für einen neuen Versuch zurück. Wenn Sie um die Wette spielen, ist das Ziel, dass ein Team drei Felder in einer Reihe besetzt.

Drei gewinnt mit Pause: Dies ist die einfachste Version von Drei gewinnt und eignet sich zur Evaluierung der Fähigkeiten der Spieler. Die Paare warten an ihrem zugewiesenen Startpunkt, der weit vom Spielfeld-Raster entfernt ist. Reihum startet die SL ein Paar, das daraufhin seinen Zug beginnt. Die Person sucht sich ein Feld aus und geht mit ihrem angeleinten Hund dorthin. Der Hund hält dann inne, setzt sich oder legt sich hin, je nachdem, welches Verhalten der Partner bevorzugt. Der Mensch zählt bis drei, bevor beide wieder an ihren Startpunkt zurückkehren.

Drei gewinnt – Markierungs-Version: Die Mitglieder des einen Teams erhalten gelbe Spielzeuge, die Mitglieder des anderen Teams blaue. Wenn sie an der Reihe sind, setzt sich der Hund, das Spielzeug wird als Markierung abgelegt und das Paar geht zurück zu seinem Startpunkt. Besprechen Sie mögliche Strategien zum erfolgreichen Ablegen des Spielzeugs und Verlassen des Spielfeldes, um dem Hund die beste Chance zu geben.

Drei gewinnt – Hunde als Markierung, Version 101*: Binden Sie allen Hunden des einen Teams blaue Halstücher um, dem anderen Team gelbe. Die SL gibt Sitz oder Platz vor. Nacheinander gehen die Partner abwechselnd auf das Feld ihrer Wahl, führen das vorgegebene Verhalten aus und bleiben dort zusammen, bis das Spiel zu Ende ist. Legen Sie vorab fest, was passiert, wenn ein Hund seine Position verändert. Vielleicht sollte das Paar einfach dortbleiben und üben. In einer Wettbewerbs-Version verlässt das Paar das Spielfeld.

Drei gewinnt – Hunde als Markierung, Version 201*: Die Hunde bleiben alleine im Feld, während ihre Partner an den Spielfeldrand zurückkehren. Achten Sie darauf, dass die Hunde sich gegenseitig nicht stören. Achten Sie auf Anstarren! Wenn ein Hund die Position verändert, nimmt sein Partner ihn an den Spielfeldrand und übt. Sie können es erneut versuchen, wenn sie wieder an der Reihe sind.

Drei gewinnt – Hunde als Markierung abwechselnd*: Ein Team macht Platz, das andere Sitz. Eine witzige Abwandlung: Wenn sich ein Hund aus dem Sitz-Team hinlegt, zählt das für das gegnerische Team und umgekehrt.

Drei gewinnt – Notfall-Platz-Version*: Eine Spielerin lässt ihren Hund auf einer Seite des Spielfeldes zurück und geht dann auf die andere Seite. Dann ruft sie ihn zu sich und gibt in einem vorher bestimmten Feld das Platz-Signal. Der Hund muss sich zu mindestens drei Vierteln innerhalb des Felds befinden. Der Hund bleibt fünf Sekunden liegen und wird dann abgerufen. Anschließend wird ein Platzhalter auf seinen Platz gelegt, um die abschließende Wertung zu erleichtern.

Die Licht-aus-Version: In jedem Feld befindet sich ein batteriebetriebenes Drücklicht. Wenn er an der Reihe ist, hat der Hund 10 Sekunden Zeit, um das Licht ganz alleine einzuschalten. Seine Partnerin darf weder das Licht noch ihren Hund in irgendeiner Weise berühren. Erhöhen Sie den Schwierigkeitsgrad, indem der Hundeführer das Spielfeld nicht betreten darf. Wenn der Hund erfolgreich ist, setzt eine SLA einen Team-Marker neben das Licht, um zu kennzeichnen, welches Licht zu welchem Team gehört. Drei in einer Reihe gewinnt. Erlaubter Spielzug: Wenn Sie an der Reihe sind, können Sie Ihren Hund ein Licht des gegnerischen Teams ausschalten lassen. Hehehe.

*Lust auf Wettbewerb? Notieren Sie die gewonnen Drei-in-einer-Reihe! Spielen Sie weiter, bis jeder an der Reihe war.

Eine Coaching-Gelegenheit

Die SL kann eine Diskussion über unterschiedliche Strategien anleiten, mit denen die Aufgabe für alle leichter gemacht werden kann. Einfache Höflichkeiten wie das Wegdrehen des eigenen Hundes von den bereits platzierten Hunden können erwähnt werden. Zur Erinnerung: „Eine Runde verlieren" bedeutet in Wirklichkeit eine „Beförderung" zu einer kurzen privaten Übungseinheit am Spielfeldrand durch eine SLA, dann kann man es erneut versuchen.

DIY-Brettspiel für Familie und Freunde

Voraussetzungen und Vorteile

Mit Geduld, Kreativität und gesundem Menschenverstand haben die Erwachsenen die Möglichkeit, die jüngere Generation in Sachen Hund zu beeinflussen.

Aufbau

Dies ist ein gutes Bastel- und Hundetrainingsprojekt für die ganze Familie. Stellen Sie Ihr Lieblings-Brettspiel aus der Kindheit auf einem großen Kartonpapier nach. Basteln Sie die Spielfiguren, Aktivitätskarten und so weiter. Helfen Sie den Kindern, sich Übungen für den richtigen Umgang mit Hunden auszudenken.

Beschreibung

Ein typisches Ziel für ein Brettspiel ist es, mit seinem Spielstein als Erster die Ziellinie zu erreichen. Auf dem Weg dorthin gibt es Fallstellen wie z. B. „gehe drei Felder zurück" oder „setze eine Runde aus". In einer Hundeversion könnte ein Feld Sie auffordern, „eine rosa Karte zu ziehen" (oder eine blaue). Dies sind Übungen, die Sie im Vorfeld auf Karteikarten geschrieben haben. Sie können Übungskarten verwenden wie auf Seite 22 beschrieben, aber seien Sie kreativ und passen Sie die Karten Ihren eigenen Bedürfnissen an. Mögliche Felder sind: „Hoppla, du hast das Tor nicht richtig geschlossen, geh drei Felder zurück", oder „Toll! Du hast einen Kotbeutel in der Tasche, geh drei Felder nach vorne." Vielleicht befindet sich auf einem Feld ein Stapel Versprechen. Der Spieler, der auf diesem Feld landet, zieht eine Karte.

Beispiele:

- Ich werde diese Woche einen zusätzlichen Spaziergang mit meinem Hund machen.
- Ich werde sofort aufstehen und meinem Hund ein Leckerli geben.

- Ich werde die Zähne meines Hundes innerhalb der nächsten drei Tage auf Zahnstein untersuchen.

- Ich werde morgen den Wecker 15 Minuten früher stellen und diese Zeit meinem Hund widmen.

Spielvarianten

Gruppenleiter: Anstatt die Familie im Fokus zu haben, erstellen Sie eine Version, die sich für den Lehrplan Ihrer Kurse eignet.

Mensch in der Mitte

Voraussetzungen und Vorteile

Grundkenntnisse von Sitz, Platz und Leinenführigkeit lassen die Spieler an der nächsten Stufe dieser Verhalten feilen.

Aufbau

Sie benötigen einen Satz Übungskarten für Verhalten, die an Ort und Stelle ausgeführt werden können. Legen Sie eine Start-, Mittel- und Ziellinie fest.

Beschreibung

Zwei Teams spielen gleichzeitig, indem sie sich jeweils mit Blick auf die Mittellinie an den Rändern des Spielfeldes versammeln. Ein Paar aus jedem Team geht zur Mittellinie, wo eine SLA wartet, eine Karte zieht und das auszuführende Verhalten ausruft. Mögliche Beispiele sind: Sitz, Platz, Verbeugen, Nasentarget, Männchen, High Five, Stehen, Drehen. Der Hund bleibt dann mit der SLA an der Mittellinie sitzen, während die menschliche Partnerin zur Seitenlinie geht und ihren Hund abruft.

Spielvarianten

Dies kann als Wettbewerb durchgeführt werden, indem Punkte gezählt und/ oder Zeit gemessen werden.

Eine Coaching-Gelegenheit

Wenn das Spiel vorbei ist, heben Sie die Stärken hervor, die Sie gesehen haben. Sie können, ohne Kritik zu üben, ein oder zwei Tipps zur Verbesserung von Schwächen geben.

Gute Idee

Voraussetzungen und Vorteile

Mit Grundkenntnissen von „Sitz", „Platz", „Bleib" und „Komm" können die Spieler an der flüssigen Ausführung dieser Verhalten arbeiten.

Aufbau

Start- und Zielmarkierungen. Ein Satz Übungskarten mit den wichtigsten Basisverhalten wie „Sitz", „Platz", „Komm" – keine Variationen, nur die Grundübungen.

Beschreibung

Bilden Sie zwei Teams. Ein Team zieht eine Karte und überlegt sich dann eine Alltagsanwendung für die Aufgabe auf der Karte. Sie demonstrieren es mit ihren Hunden, dann machen es die anderen Teilnehmer nach. Die SL greift ein, wenn jemand mit einer gefährlichen oder unpassenden Anwendung kommt.

Spielvarianten

Mehrwert: Geben Sie einer SLA einen Notizblock. Vielleicht kommen die Spieler auf neue Ideen für ihren eigenen Pool an Übungskarten!

Eine Coaching-Gelegenheit

Manche Menschen übernehmen nicht gerne die Führungsrolle. Die SL sollte jederzeit bereit sein, den Spielern bei der Aufgabenfindung zu helfen.

Olympische Ringe

Voraussetzungen und Vorteile

Die Hunde sollten Sitz, Platz und Leinenführigkeit schon gut beherrschen. In diesem Spiel werden diese Grundfertigkeiten auf kleinem Raum und mit geringem Zeitaufwand geübt.

Aufbau

Bilden Sie mit fünf Hula-Hoop-Reifen das olympische Symbol. Legen Sie eine Startlinie am kurzen Ende des Symbols fest – mit etwas Abstand, sodass etwas Leinenführigkeit geübt werden kann. Platzieren Sie für den Rückruf die

Ziellinie eine Leinenlänge vom letzten Ring entfernt. Je nach Bodenbelag müssen die Reifen eventuell mit Tape befestigt werden, um Rutschen und Stolpern zu verhindern. Sie brauchen auf jeden Fall Stadionmusik!

Beschreibung

Die Paare durchlaufen nacheinander Ring für Ring den Parcours, einschließlich Einzug (Leinegehen) und Auszug (Rückruf). Seien Sie kreativ, was die Übungen angeht. Folgender Parcours hat sich bei meinen Schülern bewährt:

Start: Das Paar beginnt, indem es von der Startlinie zum ersten Ring geht. Eine SLA begleitet das Paar, um den Verkehr zu kontrollieren und um zu coachen.

Ring 1: Der Hund tritt in den Ring und wird drei Sekunden lang gelobt. Das hebt die Stimmung und dämpft den Wetteifer.

Ring 2: Eine SLA dirigiert das Paar dann zum nächsten Ring. Der Hund geht hinein und sitzt für drei Sekunden.

Ring 3: Eine SLA leitet sie zum nächsten Ring, wo der Hund drei Sekunden lang abliegt. Es ist in Ordnung, wenn der Hund groß ist – es ist eine gute Übung, auf dem Ring abzuliegen.

Ring 4: Joker. Die Trainerin entscheidet. (Einige Möglichkeiten: Nasentarget, Drehen, Stehen, Verbeugen …)

Ring 5: Der Hund sitzt und bleibt, während seine Person zur Ziellinie geht und ihn abruft. Der Rückruf kann auch an der Leine ausgeführt werden.

Ziel: Der Hund setzt sich. Gratulieren Sie dem Hund und seinem Menschen!

Spielvarianten

An den Ringen könnten Schilder mit der jeweiligen Übung angebracht werden, um die SLA beim Ablauf zu unterstützen. Dies vermeidet Verwirrung und ermöglicht der Spielerin, sich besser auf ihren Hund zu konzentrieren.

Alternativ könnte auch ein Diagramm auf eine Tafel gezeichnet werden. Eine SLA könnte an jedem Ring bis drei zählen und bei Bedarf auch ein wenig coachen. Sie können den Schwierigkeitsgrad erhöhen, indem Sie in einige Ringe eine Ablenkung platzieren.

Eine Coaching-Gelegenheit

Sie könnten die Regel aufstellen, dass das Paar einen Ring zurückgeht, wenn ein Verhalten nicht richtig ausgeführt wird – die Übung wird ihm nutzen. Eine SLA sollte darauf achten, dass der Hund mit Signal von Ring zu Ring geführt wird und nicht raten muss, wohin seine Person als nächstes geht.

Löffel-Staffellauf

Voraussetzungen und Vorteile

Etwas Erfahrung im Leinegehen ermöglicht den Spielern, sich bewusst auf ihre Leinenhandhabung zu konzentrieren und diese zu verbessern.

Aufbau

Stellen Sie eine Reihe von sechs Kegeln, Stangen oder Stühlen mit einem Abstand von je zwei Metern auf. Die erste Spielerin bekommt einen großen Löffel und etwas Leichtes zum Darauflegen wie z. B. aufgerollte Socken, ein zerknülltes Papierknäuel, ein kleines Stofftier o. ä. (traditionell nimmt man ein rohes Ei, aber das kann ich nicht empfehlen!).

Beschreibung

Der Löffelstiel wird in derselben Hand gehalten wie die Leine, während das Paar im Slalom um die Hindernisse und zurück zur Startlinie geht, um den Löffel an die nächste in der Reihe zu übergeben. Wenn zu irgendeinem Zeitpunkt das Objekt aus dem Löffel fällt, muss das Paar anhalten und das Objekt zurücklegen und dann den Parcours fortsetzen.

Spielvarianten

Um die Hunde mit noch mehr Ablenkungen herauszufordern, stellen Sie zwei Parcours nebeneinander auf und lassen die Teams um die Wette laufen. Anfänger können den Löffel in der Hand ohne Leine halten.

Eine Coaching-Gelegenheit

Führen Sie vor dem Spiel eine kurze Übungseinheit durch, in der Sie die Hunde an herunterfallende Gegenstände gewöhnen. Sie könnten auch besprechen, wie man das höfliche Ausgeben eines Gegenstandes beibringt.

HINDERNISPARCOURS

Voraussetzungen und Vorteile

Die Hunde sollten grundsätzlich keine Angst vor neuen Objekten und neuen Situationen haben. Im Parcours werden Hindernisse eingeführt, die unterhalb der Reaktionsschwelle des Hundes liegen, um Vertrauen und Sicherheit aufzubauen.

Aufbau

Beziehen Sie die Teilnehmer im Vorfeld ein und bitten Sie jeden, ein „Hindernis" mitzubringen – helfen Sie ihnen, sich etwas auszusuchen, das geeignet und sicher ist: einen Hula-Hoop-Reifen, ein Brett auf zwei Ziegelsteinen, einen Tunnel aus Pappkartons – seien Sie kreativ. Verteilen Sie die Hindernisse im Trainingsbereich.

Beschreibung

Die Hunde überwinden die Hindernisse abwechselnd und unter Aufsicht der SL. Achten Sie auf die Sicherheit der Hindernisse und wie die Hunde während des Spiels geführt werden. Wenn ein Hund mit einem Hindernis nichts anfangen kann, lassen Sie es einfach aus. Später können Sie die Situation aus Sicht des Hundes besprechen und vielleicht ein wenig mit dem Hund üben.

Spielvarianten

Ändern Sie das Motto in einen Ablenkungsparcours. Jede Person bringt etwas Ungewöhnliches von zu Hause mit: eine große Puppe, einen Eimer mit Muschelschalen, ein Aufziehspielzeug, das herumzappelt, ein Katzenklo, eine Tüte Chips, ein weinendes Puppenbaby, einen mit Vanilleextrakt beträufelten Lappen. Die SL überwacht den Aufbau des Parcours, verfolgt, wie das Hundeverhalten interpretiert wird und gibt bei Bedarf Ratschläge.

Eine Coaching-Gelegenheit

Aus welchen Gründen könnte der Hund zögern? Analysieren Sie die Aufgabe – zerlegen Sie das Hindernis in kleinere Bestandteile und trainieren Sie Schritt für Schritt. Holen Sie die Clicker heraus und machen Sie eine Shaping-Einheit. Ist Locken eine gute Idee? Wollen Sie tiefer in die Trainings-Techniken einsteigen? Was ist der Unterschied zwischen Locken und Belohnen? Ist Verstärken dasselbe wie Belohnen?

Hundeführerschein-Puzzle

Voraussetzungen und Vorteile

Ein stabiles Wesen, Grundlagenkenntnisse und Erfahrung im Gehen an der Leine beschleunigen den Lernfortschritt. Die Hunde üben zufällig ausgewählte Prüfungsaufgaben für den Hundeführerschein (oder in der Schweiz das Hundehalterbrevet). Das könnte die Teilnehmer motivieren, für diese Prüfung zu üben.

(Anm. d. Übers.: Dieses Spiel wurde für die deutsche Übersetzung angepasst. In der amerikanischen Originalausgabe beschreibt die Autorin die Prüfung „Canine Good Citizen Test". Das ist ein Test, der das Verhalten von Hunden in der Öffentlichkeit überprüft.)

Aufbau

Zeichnen Sie für das Puzzle ein Bild auf Karton (zum Beispiel ein Hundebild oder das Logo Ihrer Hundeschule) und schneiden Sie es in so viele Puzzleteile, wie das Programm Übungen hat. Auf die Rückseite jedes Teils wird eine andere Testaufgabe geschrieben.

Beschreibung

Dieses Spiel gibt den Teilnehmern eine Einführung in die Übungen des Hundeführerscheins. Die Teilnehmer ziehen Puzzleteile und führen die gezogene Aufgabe aus. Das Puzzle wird Teil für Teil vervollständigt und Sie können Ihrer Gruppe gratulieren.

Akzeptiere einen freundlichen Fremden: Dieser Test zeigt, dass der Hund einem freundlichen Fremden erlaubt, sich ihm zu nähern und mit dem Hundeführer in einer natürlichen, alltäglichen Situation zu sprechen. Der Prüfer geht auf den Hund und den Hundeführer zu und grüßt den Hundeführer freundlich, ohne den Hund zu beachten. Der Beurteiler und der Hundeführer geben sich die Hand und tauschen Höflichkeiten aus. Der Hund darf keine Anzeichen von Abneigung oder Schüchternheit zeigen.

Höfliches Sitzen für Streicheleinheiten: Dieser Test zeigt, dass der Hund es zulässt, dass ein freundlicher Fremder ihn berührt, während er mit seinem Hundeführer unterwegs ist. Während der Hund an der Seite des Hundeführers sitzt, streichelt der Prüfer den Hund zu Beginn der Übung am Kopf und am Körper. Der Hundeführer darf während der gesamten Übung mit seinem Hund sprechen. Der Hund darf stehen bleiben, während er gestreichelt wird. Der Hund darf keine Scheu oder Abneigung zeigen.

Erscheinungsbild und Pflege: Diese praktische Prüfung zeigt, dass der Hund es begrüßt, wenn er gepflegt und untersucht wird, und dass er es zulässt, dass jemand wie ein Tierarzt, ein Hundefriseur oder ein Freund des Besitzers dies tut. Sie zeigt auch, dass der Besitzer fürsorglich, besorgt und verantwortungsbewusst ist. Der Prüfer inspiziert den Hund, um festzustellen, ob er sauber und gepflegt ist. Der Hund muss sich in einem gesunden Zustand befinden (d. h. er muss das richtige Gewicht haben, sauber, gesund

und aufmerksam sein). Der Hundeführer sollte einen Kamm oder eine Bürste zur Verfügung stellen, die üblicherweise für den Hund verwendet werden. Der Beurteiler kämmt oder bürstet den Hund dann sanft und untersucht in natürlicher Weise leicht die Ohren und hebt sanft jede Vorderpfote auf. Es ist nicht erforderlich, dass der Hund während der Prüfung eine bestimmte Position einnimmt, und der Hundeführer kann während der gesamten Prüfung mit dem Hund sprechen, ihn loben und ihn ermutigen.

Spazierengehen (an lockerer Leine): Dieser Test zeigt, dass der Hundeführer den Hund unter Kontrolle hat. Der Hund kann sich auf beiden Seiten des Hundeführers befinden. Die Position des Hundes sollte keinen Zweifel daran lassen, dass der Hund seine Aufmerksamkeit dem Hundeführer schenkt und auf dessen Bewegungen und Richtungsänderungen reagiert. Der Hund muss nicht perfekt auf den Hundeführer ausgerichtet sein und muss sich nicht setzen, wenn der Hundeführer stehen bleibt. Der Prüfer kann einen vorgezeichneten Parcours verwenden oder das Team aus Hundeführer und Hund durch Anweisungen oder Kommandos lenken. In jedem Fall sollte es eine Rechtskurve, eine Linkskurve und eine Kehrtwendung geben, mit mindestens einem Halt dazwischen und einem weiteren am Ende. Der Hundeführer kann unterwegs mit seinem Hund sprechen, ihn loben oder in normalem Tonfall Kommandos geben. Der Hundeführer kann den Hund auf Wunsch an den Haltestellen sitzen lassen.

Durch eine Menschenmenge gehen: Diese Prüfung zeigt, dass der Hund sich im Fußgängerverkehr höflich bewegen kann und sich an öffentlichen Plätzen unter Kontrolle hat. Hund und Hundeführer gehen um mehrere Personen (mindestens drei) herum und an ihnen vorbei. Der Hund kann ein gewisses Interesse an den fremden Personen zeigen, sollte aber weiterhin mit dem Hundeführer gehen, ohne Anzeichen von Übermut, Scheu oder Unmut zu zeigen. Der Hundeführer darf während der gesamten Prüfung mit dem Hund sprechen und ihn ermutigen oder loben. Der Hund sollte nicht auf Menschen in der Menge springen oder an der Leine zerren.

Sitz und Platz auf Kommando und Bleib an Ort und Stelle: Diese Prüfung zeigt, dass der Hund ausgebildet ist, auf die Kommandos „Sitz" und „Platz" des Hundeführers reagiert und an der vom Hundeführer befohlenen Stelle bleibt (Sitz oder Platz, je nachdem, was der Hundeführer bevorzugt).

Der Hund muss auf Kommando „Sitz" UND „Platz" machen, dann wählt der Halter die Position, in der der Hund verbleiben soll. Vor dieser Prüfung wird die Leine des Hundes durch eine etwa sechs Meter lange Leine ersetzt. Der Hundeführer darf sich eine angemessene Zeit nehmen und mehr als ein Kommando geben, um den Hund zum Sitz und dann zum Platz zu bringen. Der Prüfer muss feststellen, ob der Hund auf die Kommandos des Hundeführers reagiert hat. Der Hundeführer darf den Hund nicht mit Gewalt in die Sitzposition bringen, er darf ihn jedoch berühren, um ihn sanft zu führen. Auf Anweisung des Prüfers gibt der Hundeführer dem Hund das Zeichen zum Bleiben und geht die Leine entlang vorwärts, dreht sich um und kehrt in natürlichem Tempo zum Hund zurück. Der Hund muss an der Stelle bleiben, an der er abgesetzt wurde (er darf die Position wechseln), bis der Beurteiler den Hundeführer anweist, den Hund loszulassen. Der Hund kann von vorne oder von der Seite losgelassen werden.

Kommen, wenn man gerufen wird: Dieser Test zeigt, dass der Hund auf Zuruf des Hundeführers kommt. Der Hundeführer geht etwa drei Meter vom Hund weg, dreht sich zum Hund und ruft ihn. Der Hundeführer kann den Hund durch Ermunterung zum Kommen bewegen. Der Hundeführer kann dem Hund sagen, dass er „bleiben" oder „warten" soll, oder er kann einfach weggehen und dem Hund keine Anweisungen geben.

Reaktion auf einen anderen Hund: Dieser Test zeigt, dass der Hund sich anderen Hunden gegenüber höflich verhalten kann. Zwei Hundeführer und ihre Hunde nähern sich einander aus einer Entfernung von etwa sechs Metern, bleiben stehen, schütteln sich die Hände und tauschen Höflichkeiten aus, und gehen dann etwa drei Meter weiter. Die Hunde sollten nicht mehr als beiläufiges Interesse aneinander zeigen. Keiner der beiden Hunde sollte zu dem anderen Hund oder seinem Führer gehen.

Reaktion auf Ablenkung: Dieser Test zeigt, dass der Hund jederzeit selbstsicher ist, wenn er mit gängigen Ablenkungssituationen konfrontiert wird. Der Prüfer wählt zwei Ablenkungen aus und präsentiert sie. Beispiele für Ablenkungen sind das Fallenlassen eines Stuhls, das Vorbeiziehen eines Kistenwagens am Hund, das Vorbeilaufen eines Joggers oder das Fallenlassen einer Krücke oder eines Stocks. Der Hund kann natürliches Interesse und Neugierde zeigen und/oder leicht erschrocken wirken, sollte aber nicht in Panik geraten, versuchen wegzulaufen, Aggressivität zeigen oder bellen. Der Hundeführer kann mit dem Hund sprechen und ihn während der gesamten Übung ermutigen oder loben.

Beaufsichtigte Trennung: Dieser Test zeigt, dass ein Hund bei Bedarf bei einer vertrauenswürdigen Person bleiben kann und dass er seine Ausbildung und sein gutes Benehmen beibehält. Die Prüfer werden aufgefordert, etwas zu sagen wie: „Möchten Sie, dass ich auf Ihren Hund aufpasse?" und dann die Leine des Hundes zu ergreifen. Der Besitzer verschwindet für drei Minuten aus dem Blickfeld. Der Hund muss nicht an Ort und Stelle bleiben, sollte aber nicht ständig bellen, winseln oder unnötig auf und ab gehen und auch nicht mehr als leichte Unruhe oder Nervosität zeigen. Die Prüfer können mit dem Hund sprechen, sollten aber nicht übermäßig viel mit ihm reden, ihn streicheln oder versuchen, ihn zu lenken (z. B. „Ist ja gut").]

Eine Coaching-Gelegenheit

Veranstalten Sie je nach Bedarf eine kurze Einführung, wie die jeweiligen Übungen trainiert werden können.

GLÜCKSRAD

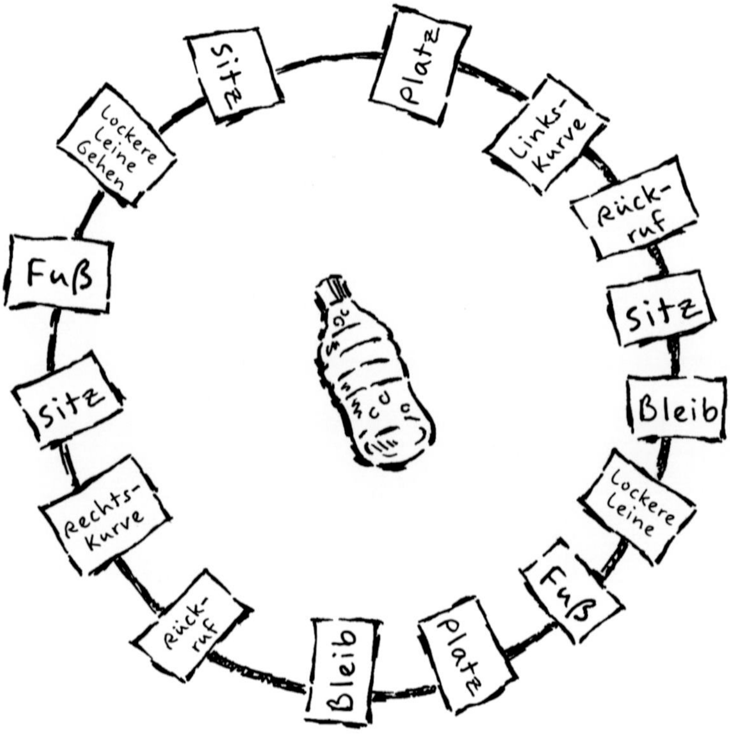

Voraussetzungen und Vorteile

Bei diesem Spiel bestimmen Sie bei der Erstellung der Übungskarten die erforderlichen Voraussetzungen. Dieses Spiel ist eine weitere Möglichkeit, Training unterhaltsam zu gestalten.

Aufbau

Sie benötigen Übungskarten (siehe Seite 22) und ein Zeitmessgerät. Stellen Sie eine gefüllte Wasserflasche zum Drehen bereit. Wenn der Boden nicht glatt ist, benötigen Sie eventuell ein Tablett, auf dem die Flasche frei drehen kann. Legen Sie die Karten auf einem Kreis auf den Boden. Legen Sie die Flasche in die Mitte. Die Spieler bilden einen großen Außenkreis darum herum.

Beschreibung

Die Paare drehen abwechselnd die Flasche. Wenn sie stehen bleibt, liest eine SLA diejenige Karte vor, auf die die Flasche zeigt, und das Paar führt das Verhalten aus.

Spielvarianten

Bilden Sie konkurrierende Teams und schreiben Sie auf jede Karte einen Punkte-Wert.

Eine Coaching-Gelegenheit

Eine weitere Möglichkeit ist, die Geschwindigkeit und die Latenz des Verhaltens im Auge zu haben, den Unterschied zu erklären und zu erläutern, wie man beides verbessern kann. Im Wettbewerb können auch Punkte abgezogen werden. Beispiele für Abzüge: Wenn der Hund länger als eine Sekunde braucht, um auf das Signal zu reagieren – Latenzabzug. Wenn der Hund länger als zwei Sekunden braucht, um das Verhalten von Beginn bis Ende auszuführen – Geschwindigkeitsabzug.

Hockey-Hattrick

Voraussetzungen und Vorteile

Mit etwas Erfahrung mit höflichem Verhalten an der Leine meistern die Teams alle Herausforderungen auf dem Eis.

Aufbau

Erstellen Sie eine Eisbahn, indem Sie zwei U-förmige Hockeytore am Boden an den gegenüberliegenden Enden des Spielbereichs markieren. Befestigen Sie aufgerollte Handtücher U-förmig mit Klebeband am Boden, um den Puck in das „Netz" zu leiten. Vor jedes Tor stellen Sie ein großes Stofftier als Torhüter. Wenn Sie kein richtig großes Stofftier haben, nehmen Sie ein kleineres und setzen es auf einen Hocker oder eine Kiste. Verteilen Sie drei Schalen auf dem Spielfeld und bestücken Sie diese mit verschiedenen Ablenkungen für die Hunde, z. B. Bällen oder Futter.

Beschreibung

Die Teams stellen sich hinter ihrem Tor auf. Werfen Sie eine Münze. Das erste Paar erhält einen Besen als Schläger und eine Frisbee als Puck. Dieser Spieler muss die Frisbee von der Startlinie aus in das Netz schieben, wobei der Hund die Ablenkung in den Schalen ignorieren muss. Der Hund muss während der gesamten Zeit an einer lockeren Leine bleiben oder das Eis verlassen. (Das Paar sollte eine kurze Übungseinheit mit einer SLA erhalten und es dann erneut versuchen.) Besen und Puck werden an den ersten Spieler der gegnerischen Mannschaft zum Weiterspielen übergeben.

Spielvarianten

Einfacher: Reduzieren Sie den Schwierigkeitsgrad für die Hunde, indem Sie die drei Ablenkungsschalen weglassen.

Anspruchsvoller: Wenn Sie mit hundefreundlichen Hunden spielen, können Sie den Schwierigkeitsgrad erhöhen, indem Sie beide Teams gleichzeitig von gegenüberliegenden Enden der Eisfläche starten lassen. Wenn Sie wettkampforientiert sind, erfinden Sie kreative Wertungsregeln.

Eine Coaching-Gelegenheit

Sprechen Sie über Strategien zur Problemlösung. Ein möglicher Plan ist, das Eis in kleinen Etappen zu überqueren, indem man den Hund jeweils absitzen lässt, bevor man den Puck ein Stück vorwärts schubst. Das Paar kann in Ruhe gemeinsam zum Puck laufen und den Ablauf wiederholen, bis es ein Tor schießt. Manche Teilnehmer entscheiden sich dafür, den Puck kontinuierlich mit kleinen Stößen vorwärtszuschieben. Andere versuchen vielleicht, den Puck mit einem großen Schubs ins Netz zu befördern.

Vier am Boden

Voraussetzungen und Vorteile

Ein stabiles Wesen und Vertrauen in den Partner auf Seiten des Hundes sind für dieses Spiel förderlich. Den Menschen hilft es, bei Problemlösungen über den Tellerrand zu schauen und nicht etwa Grenzen zu setzen, wo keine nötig sind. Es fördert die Kreativität.

Aufbau

Kleben Sie ein Stück Tape auf den Boden, etwa 80 Zentimeter lang und 4 bis 5 Zentimeter breit.

Beschreibung

Kündigen Sie die Aufgabe ganz konkret an: „Stelle vier Pfoten auf das Klebeband." Keine weiteren Erklärungen. Beantworten Sie keine Fragen! Wiederholen Sie einfach: „Stelle vier Pfoten auf das Klebeband." Jeder Spieler wird eine andere Vorstellung davon haben, was diese Anweisung bedeutet, und das ist in Ordnung. Sagen Sie, dass die einzigen Grenzen die menschlichen sind. Ermutigen Sie die Spieler, über den Tellerrand zu schauen. Die SL sollte eingreifen, wenn ein Hund sich augenscheinlich nicht wohl fühlt. Es gibt mindestens 30 Möglichkeiten (wahrscheinlich mehr), das Kriterium „Vier Pfoten aufs Klebeband" sicher und erfolgreich zu erfüllen. Zeigen Sie Ihre Wertschätzung für alle Versuche!

Eine Coaching-Gelegenheit

Es verfehlt den Zweck, vorab eine Übungseinheit durchzuführen und Tipps zu geben. Wenn der Gruppe jedoch die Ideen ausgehen, geben Sie den Hunden eine Pause und machen Sie eine Brainstorming-Session, um weitere Möglichkeiten zu finden. Dafür können Sie Spielzeughunde zur Verfügung stellen!

Waltzing Matilda

Voraussetzungen und Vorteile

Bitte lesen Sie zuerst diese Definition, damit das Spiel verständlich ist: „Waltzing Matilda" ist eine australische Volksballade über einen Mann, der durch den Busch wandert. Er trägt seine Ausrüstung und seinen Schlafsack zu einem Bündel zusammengerollt und verschnürt (dieses Bündel wird Swag genannt) über seine Schulter geworfen. Er hat seinen Swag „Matilda" genannt. Mit diesem Spiel gewöhnen Sie Ihren Hund an sanftes Festgehaltenwerden. Es trainiert, ruhig zu verharren, während der Mensch mit etwas anderem beschäftigt ist.

Aufbau

Laden Sie den Song „Waltzing Matilda" herunter! Teilen Sie die Gruppe in Teams ein. Markieren Sie für jedes Team einen Start- und Endpunkt. Legen Sie in die Mitte jeder Strecke einen Swag. Diese können aus einem Strandtuch und einer Leine oder einem Stück Stoff und einer Schnur gemacht werden. Die Teams stellen sich in einer Reihe an ihrem Startpunkt auf.

Beschreibung

Die ersten Paare gehen ihren Weg entlang. Wenn sie zu dem Swag kommen, rollen und breiten sie ihn aus, während ihr Hund unter Kontrolle bleibt. Der Hund wird dann auf das Tuch gelegt, die Person deckt ihn zu und zählt bis drei.

Der Hund wird wieder aufgedeckt und bleibt wieder kooperativ und unter Kontrolle, während der Beutel wieder zusammengerollt und für die nächste Spielerin verschnürt wird. Wiederholen Sie dies, bis alle Paare beider Teams an der Reihe waren.

Spielvarianten

Sie könnten jedes Team seinen eigenen Swag über der Schulter zu einem markierten Wegepunkt tragen lassen und nach der Übung mit zum Ziel nehmen lassen. Dann benötigen Sie einen Helfer, der den Swag zurück zum nächsten Team trägt – oder Sie stellen genug Swags zur Verfügung, um Wartezeit zu minimieren.

Eine Coaching-Gelegenheit

Machen Sie auf Hunde aufmerksam, die durch ihre Körpersprache zeigen, dass sie von einer Wiederholung profitieren könnten. Lassen Sie das Paar noch einmal laufen, aber teilen Sie die Aufgabe in kleinere Erfolgsziele auf. Leiten Sie zu einer hohen Verstärkerrate an.

Durchs Nadelöhr

Voraussetzungen und Vorteile

Der Hund sollte eine hohe Reizschwelle in ungewohnten Umgebungen und Vertrauen in seinen Partner haben. Dieses Spiel hilft, Vertrauen in ungewohnten Situationen aufzubauen.

Aufbau

Legen Sie Start- und Zielmarkierungen fest. Legen Sie ein paar Hula-Hoop-Reifen auf den Boden. Achten Sie darauf, große Reifen zu verwenden.

Beschreibung

Der Mensch nimmt den Reifen in die Hand und beide Partner müssen nacheinander durch alle Reifen steigen. Der Schwierigkeitsgrad hängt von der Anzahl der bereitgestellten Reifen und der geforderten Wiederholungen ab.

Eine Coaching-Gelegenheit

Wir vermeiden unbedingt, unsere Hunde zu etwas aufzufordern, das ihnen Angst machen könnte. Sie vertrauen uns, dass wir für ihre Sicherheit sorgen. Bevor das Spiel beginnt, können Sie mit den Teilnehmern üben, wie die Hunde (und Menschen!) am besten durch die Reifen kommen. Bitten Sie die Teilnehmer, das Ausdrucksverhalten ihrer Hunde im Auge zu behalten, damit sie bemerken, ab wann sie sich nicht mehr wohlfühlen. Helfen Sie ihnen, sich Alternativen auszudenken, um die Aufgabe zu bewältigen, ohne die Hunde zu erschrecken. Beispiel: Der Hund kann sitzen, während seine menschliche Partnerin den Reifen über ihm absenkt und der Hund kann dann aus dem Reifen steigen, während dieser flach auf dem Boden liegt. Aus Sicht der meisten Hunde ist schneller nicht besser für diese Übung.

Halstuch-Staffellauf

Voraussetzungen und Vorteile

Die Hunde sollten ein paar Sekunden ruhig bleiben können. In der Halstuch-Staffel üben Hunde zu akzeptieren, wenn an ihnen „herumgefummelt" wird.

Aufbau

Ursprünglich habe ich dieses Spiel „Cowboy-Staffel" genannt, da ich die typischen Cowboy-Halstücher mit Paisleymuster verwendete. Dann habe ich angefangen, Stoffe mit verschiedenen Motiven zu kaufen: Muscheln für eine Strandparty, Herzen für den Valentinstag, Herbstblätter usw. Sie brauchen ausreichend Material für zwei Halstücher und vielleicht noch ein paar in Reserve. Schneiden Sie mit einer Zackenschere Quadrate in typischer Halstuch-Größe, ca. 50x50 Zentimeter. Sie können das Quadrat diagonal halbieren und so Material sparen, indem Sie zwei einlagige Dreiecke herstellen. Richten Sie das Spiel so ein, dass es von zwei Teams gleichzeitig gespielt werden kann. Für den Spielbereich bereiten Sie zwei gegenüberliegende Linien vor, die lang genug sind, um doppelt so viele Platzmarker wie Spieler unterzubringen. Gegenüber von jedem Hund sollte ein freier Marker liegen – der Zielpunkt des Hundes.

Beschreibung

Die SL legt die Kriterien fürs „Bleib" fest. Vielleicht wird ein „Sitz" vorgegeben oder der Hund muss einfach ruhig und zufrieden in einer beliebigen Position auf seiner Markierung bleiben. Die erste Person in jeder Reihe hält ein Halstuch. Wenn das Spiel beginnt, bindet sie es ihrem Hund um, dann gehen sie gemeinsam zur gegenüberliegenden Linie, wo der Hund auf seiner Zielmarkierung bleibt. Das Halstuch wird abgenommen und der Hund bleibt auf seiner Markierung, während seine Partnerin das Halstuch zurück zu ihrer wartenden Teamkollegin bringt. Diese bindet dann das Halstuch an ihren Hund. Wiederholen Sie den Vorgang, bis alle Hunde auf der Ziellinie sitzen, der letzte in der Reihe trägt das Halstuch. Eine SLA sollte anwesend sein, um die wartenden Hunde im Auge zu haben. Wenn ein Hund Schwierigkeiten mit dem Bleiben hat, wird das Spiel für dieses Team unterbrochen, während dem Hund geholfen wird, sich wieder zu beruhigen. Dadurch kommt, wenn man gegen die Uhr spielt, ein weiterer Wettbewerbsfaktor ins Spiel.

Spielvarianten

Wenn die teilnehmenden Hunde den Abstand zu ihren Menschen nicht aushalten, probieren Sie die Version der Grafik auf der linken Seite. Die Person bindet ihrem Hund das Halstuch um, löst es und gibt es weiter. Niemand geht zur gegenüberliegenden Linie. Je nach Abstand der Markierungen auf der Linie muss der Mensch beim Weitergeben einen oder zwei Schritte gehen oder auch gar keinen.

Wenn das Spiel zu Ende ist, freut es die Teilnehmer vielleicht, wenn jeder Hund ein Halstuch mit nach Hause nehmen darf.

Eine Coaching-Gelegenheit

Manche Hunde profitieren vielleicht von einer Übungseinheit vor dem Spiel. Besprechen Sie, wie die Aufgabe in kleinere Schritte aufgeteilt und jeder dieser Schritte verstärkt werden kann: Lassen Sie die Hunde am Halstuch schnuppern, berühren Sie sie damit und versuchen Sie dann, es umzubinden. Weisen Sie auf Körpersprache hin, die verrät, dass der Hund sich nicht wohlfühlt.

Kleider machen Leute-Staffel

Voraussetzungen und Vorteile

Dieses Spiel eignet sich für Hunde, die kein Problem damit haben, wenn man sie am Kopf berührt. Die Hunde sammeln Erfahrung und werden für das Anfassen positiv bestärkt. Diese Übung fördert das Vertrauen des Hundes zu seiner Partnerin.

Aufbau

Sie benötigen Start- und Zielmarkierungen für jedes Team. Machen Sie einen Ausflug zu einem Flohmarkt oder Second-Hand-Laden und besorgen sie T-Shirts in verschiedenen Größen. Verteilen Sie die T-Shirts an den Zielmarkierungen.

Beschreibung

Das erste Paar aus jedem Team geht zum T-Shirt-Stapel seines Teams. Die Partnerin zieht ihrem Hund ein Shirt in passender Größe an und sie gehen gemeinsam zum Ausgangspunkt zurück. Wenn der erste Hund ausgezogen ist, verlässt das nächste Paar die Startlinie.

Spielvarianten

Für Anfänger können Sie das Hin- und Herlaufen zum und vom T-Shirt Stapel weglassen. Geben Sie stattdessen einfach jedem Paar ein Shirt und lassen Sie es den Hunden anziehen.

Eine Coaching-Gelegenheit

Die Spielleiterin könnte die Wirkung systematischer Desensibilisierung und/ oder Gegenkonditionierung erwähnen. Zeigen Sie den Teilnehmern, wie sie das Shirt zusammenraffen, um die Halsöffnung zu einem Ring zu formen, damit möglichst wenig Stoff über das Hundegesicht gezogen wird.

Blinde Kuh

Voraussetzungen und Vorteile

Dieses Spiel ist für eine kleine Gruppe von Menschen und Hunden geeignet, die bereits gut miteinander vertraut sind und für Hunde, die sich gerne von anderen anfassen lassen. Ein spaßiges Spiel für ein paar gute Freunde.

Aufbau

Jede SLA hält einen Hund an der Leine. Ihre menschlichen Partnerinnen sitzen mit verbundenen Augen in einiger Entfernung auf Stühlen.

Beschreibung

Hund Nr. 1 wird zur Reihe der sitzenden Personen gebracht und geht an ihnen vorbei, wobei er vor jeder Person drei Sekunden lang innehält. Die Person streckt ihre Hand aus, und wenn der Hund Kontakt aufnimmt, hat sie drei Sekunden Zeit, den Hund am Kopf und an den Schultern zu befühlen. Wiederholen Sie den Vorgang mit Hund Nr. 2 usw. Wie gut haben die Menschen ihren eigenen Hund erraten?

Spielvarianten

Machen Sie das Spiel anspruchsvoller, indem die Leute Socken über die Hände ziehen.

Eine Coaching-Gelegenheit

Ist es für die Hunde in Ordnung, von einem gesichtslosen, handlosen Freund berührt zu werden? Üben Sie mit den eigenen Partnern, mit Augenbinde und Socken!

Monte Carlo

Voraussetzungen und Vorteile

Die Hunde werden üben, in der Nähe anderer Hunde in einer Position zu bleiben.

Aufbau

Fertigen Sie einen großen Würfel an (siehe Seite 41). Ihr Würfel sollte auf seinen Seiten die Wörter „Sitz“, „Platz“ und „Joker“ haben. Legen Sie ein Spielfeld an, indem Sie sechs parallele Linien im Abstand von einem bis eineinhalb Metern markieren. Die Linien sollten etwa viereinhalb Meter lang sein. Eine Linie sollte sich in irgendeiner Weise abheben, vielleicht durch eine andere Farbe oder Breite. Dies ist die „Gehe zurück zum Anfang“-Linie.

Beschreibung

Teilen Sie die Gruppe in Teams ein, wählen Sie eine Reihenfolge und stellen Sie sie in der Nähe der Startlinie auf. Eine SLA würfelt für das erste Team. Das erste Paar dieses Teams läuft die auf dem Würfel angezeigte Anzahl von Linien weiter und nimmt die auf dem Würfel angezeigte Position ein. Sobald der Hund seine Position eingenommen hat, lässt seine Person ihn dort zurück und begibt sich zu einem festgelegten Warteplatz. Vielleicht lassen Sie sie zu einer Wand oder einer Seitenlinie gehen oder „zehn Riesenschritte“ vom Hund weggehen. Sollte das Paar auf der „Gehe zurück zum Anfang“-Linie landen, muss es automatisch das Spielfeld verlassen und sich am Ende seines Teams anstellen, bis es erneut an der Reihe ist. Wenn das erste Paar fertig ist, würfelt die SLA für das nächste Paar. Wiederholen Sie den Vorgang wie oben beschrieben. Wenn ein Hund seine Position verlässt, hält sein Team an, während die Person ihren Hund holt und ihn zurück zur Startlinie bringt. Sie können während des Wartens üben und sind dann wieder an der Reihe. Rechnen Sie mit Staus mit zwei oder drei Hunden auf der gleichen Linie! Das Schwierigste an diesem Spiel ist für die SL, sich zu merken, wer als Nächstes an der Reihe ist, da die Spieler überall verteilt sind.

Lösung: Lassen Sie die Spieler diese Verantwortung selbst übernehmen! Das erste Team, das alle seine Hunde vom Spielfeld bekommt, gewinnt.

Spielvarianten

Um es etwas einfacher zu machen, können die Menschen auch zusammen mit ihren Hunden im Spielfeld bleiben.

Eine Coaching-Gelegenheit

Besprechen Sie, dass es zur gegenseitigen Rücksichtnahme gehört, die Hunde so zu positionieren, dass sie sich nicht direkt gegenseitig anstarren.

Reich mir die Spaghetti

Voraussetzungen und Vorteile

Die Hunde sollten sich in unmittelbarer Nähe zu anderen Menschen und Hunden aufhalten können. In diesem Spiel können die Hunde üben, sich in einer neuen Situation ruhig zu verhalten.

Aufbau

Es sollten zwei Linien auf dem Boden liegen, eine für jedes der beiden Teams. Sie benötigen für jedes Team ein Knäuel aus schwerem Garn. Halten Sie zusätzliches Garn bereit, falls das Knäuel ausgeht, bevor alle Spieler an der Reihe waren.

Beschreibung

Die Hunde müssen im Sitz bleiben, während ihre Partner sich nacheinander mit dem Garn verbinden. Die erste Person kann die Spaghetti-Schnur um ihren Arm schlingen und das restliche Knäuel an die nächste Teamkollegin weitergeben. Diese Person fädelt es vielleicht durch ihren Gürtel. Die nächste fädelt es durch ihren Ärmel – was auch immer den Spielern einfällt, bis alle auf irgendeine Weise verbunden sind.

Spielvarianten

Beziehen Sie die Hunde nur dann in das Fädeln ein, wenn Sie absolut sicher sind, dass Sie sehr stabile Hunde und versierte Menschen haben.

Eine Coaching-Gelegenheit

Erinnern Sie die Spielerinnen daran, dass sie zwar mit den Spaghetti hantieren müssen, ihr Fokus aber ihren Hunden gilt. Bringen Sie die Menschen dazu, eher proaktiv als reaktiv zu sein und ihren Hunden zu helfen, gelassen zu bleiben, wenn „seltsame Dinge" passieren.

Wie eine Statue

Voraussetzungen und Vorteile

Eine kooperative und vertrauensvolle Beziehung zwischen den Partnern ist hilfreich. Dieses Spiel übt, dass die Hunde eine sanfte Manipulation akzeptieren und dafür bestärkt werden.

Aufbau

Für dieses Spiel werden spezielle Übungskarten benötigt. Suchen Sie Bilder von Hunden in alten Zeitschriften oder im Internet. Suchen Sie nach Hunden in verschiedenen Positionen. Einfache Positionen wie „Sitz", „Steh" oder „Platz" sind in Ordnung, aber stellen Sie sicher, dass Sie auch einige ungewöhnliche Positionen finden wie zum Beispiel Hunde, die auf zwei Beinen stehen, auf dem Rücken liegen oder deren Kopf auf den Pfoten liegt. Drucken Sie jedes Foto aus oder kleben Sie es für einen großen Kartensatz auf ein Stück Papier.

Beschreibung

Reihum ziehen die Teilnehmerinnen eine Karte und helfen ihrem Hund, die jeweilige Position für zwei Sekunden einzunehmen.

Spielvarianten

Wettkampf gefällig? Geben Sie jeder Karte Punkte im Verhältnis zu ihrer Schwierigkeit. Das ist in Wirklichkeit eine willkürliche Punktevergabe, denn was für den einen Hund leicht ist, kann für einen anderen eine Herausforderung sein. Achten Sie darauf, dass die Zuschauer die Karten sehen können.

Eine Coaching-Gelegenheit

Wenn Sie in dieses Spiel eine Coaching-Einheit einbauen, sprechen Sie mit der Gruppe darüber, wie die Kopfhaltung bei der Positionierung des Körpers helfen kann. „Wo der Kopf hingeht, folgt auch der Körper." Dies ist auch eine Gelegenheit, über Target-Training zu sprechen oder es zu üben – ein Nase-Hand-Target oder ein Targetstick könnten bei diesem Spiel helfen.

Hunde-Hula

Voraussetzungen und Vorteile

Die Hunde sollen neue Situationen ohne übermäßigen Stress erleben können. Sie üben Impulskontrolle, Aufmerksamkeit für den Partner und, wenn die Hunde es schon können, auch „Lass es".

Aufbau

Hawaiianische Inselmusik ist ein Muss. Günstige Hula-Röcke und Zubehör können Sie in Partygeschäften online kaufen. Oder Sie sind in der glücklichen Lage, eine Reise nach Hawaii unternehmen zu können, wo sie in jedem Souvenirladen verkauft werden. Um einen Hula-Rock selbst herzustellen, können Sie Streifen in ein Stück schweres braunes Verpackungspapier schneiden, was allerdings nicht sehr robust ist. Für eine haltbare Version schneiden Sie Streifen in eine Stoffbahn. Hängen Sie Ablenkungen mit Schnüren auf verschiedenen Nasenhöhen an den Rockbund. Hundekekse, Tennisbälle, Streifen von Dörrfleisch oder Käse eignen sich gut.

Beschreibung

Eine SLA verkleidet sich mit dem Rock. Sie beginnt mit dem Hula-Tanz, während die Paare abwechselnd um die Tänzerin herumgehen, wobei der Hund auf der Seite der Tänzerin ist. Ein Punkt Abzug für einen abgewendeten Blick, zwei Punkte Abzug für Schnüffeln. Schnappt sich der Hund eine der Ablenkungen, wird das Paar zu einer privaten Übungseinheit befördert und kehrt für einen weiteren Versuch zurück.

Entscheiden Sie vorab, ob Sie eine Augenkontakt-/Fokussierungsübung vor der Reise um die Hula-Tänzerin zulassen oder einfach loslegen und sehen, was passiert. Überlegen Sie, ob Sie ein „Lass es" während des Spiels erlauben.

Eine Coaching-Gelegenheit

Eine Lektion vor oder nach dem Spiel über Aufmerksamkeitsübungen oder wie man inkompatibles Verhalten trainieren und verstärken kann könnte angebracht sein. Wenn ein Hund so aussieht, als wolle er sich einen Keks schnappen, sprechen Sie darüber, proaktiv statt reaktiv zu sein, und den Hund abzuwenden und ins Sitz zu bringen. Verstärken Sie das Sitz ausgiebig und gehen Sie weiter um die Hula-Tänzerin herum.

Greif zu

Voraussetzungen und Vorteile

Die Hunde sollten bereits das Konzept des Bleibens verstehen. Sie können Impulskontrolle im Bleib üben, während ihre Partner auf dem Boden mit einer Futterschüssel hantieren.

Aufbau

Markieren Sie eine Linie am Boden. Stellen Sie ca. 30 cm hinter die Linie eine Schüssel mit drei großen *runden* Hundefutterstücken, eine leere Schüssel und ein Paar Stäbchen.

Beschreibung

Während der Hund mit seiner Nase oder seinen Pfoten auf der Linie wartet, muss sein Partner die Futterstücke mit den Stäbchen in die leere Schüssel befördern.

Spielvarianten

Lassen Sie zwei oder drei Paare gleichzeitig spielen.

Eine Coaching-Gelegenheit

Wenn Spieler keine Erfahrung in der Handhabung von Essstäbchen haben, kann man in der kurzen Zeit nicht viel daran ändern. Bei zu großen Problemen mit den Essstäbchen helfe ich einfach, indem ich das Trockenfutter in die andere Schüssel kippe.

Zielgenau

Hunde sollten etwas Erfahrung mit „Sitz", „Platz" und „an der Leine gehen" haben. Das gute Timing der Signale und die Notwendigkeit einer geringen Latenzzeit bei der Reaktion auf Signale werden durch dieses Spiel verdeutlicht.

Aufbau

Legen Sie einen ausreichend großen Spielbereich fest, um Gedränge zu minimieren. Verteilen Sie einige Stapel Spielkarten einzeln und verdeckt in der Mitte.

Beschreibung

Die Paare gehen zur Musik. Wenn die Musik stoppt, bleiben alle Paare stehen, gehen zu einer Karte und lassen den Hund sich auf diese setzen oder legen, je nach Ankündigung der SL. Dies ist eine Präzisionsübung: Wenn der Hund die Karte komplett abdeckt, darf das Paar sie behalten. Eine SLA überprüft dies! Wenn nicht, gehen sie einfach weiter, wenn die Musik einsetzt und versuchen es beim nächsten Mal erneut.

Spielvarianten

Um das Spiel als Wettbewerb zu gestalten, addieren Sie die Werte der gesammelten Karten.

Eine Coaching-Gelegenheit

Die Teilnehmer müssen darauf achten, anderen Paaren aus dem Weg zu gehen, während sie Karten auswählen – besprechen Sie das Prinzip „ein Auge auf dem Hund, ein Auge auf alles andere". Demonstrieren Sie das Trennen zweier sich nähernder Hunde, indem Sie sich wegdrehen, sodass die Person zwischen den Hunden steht.

Baseball

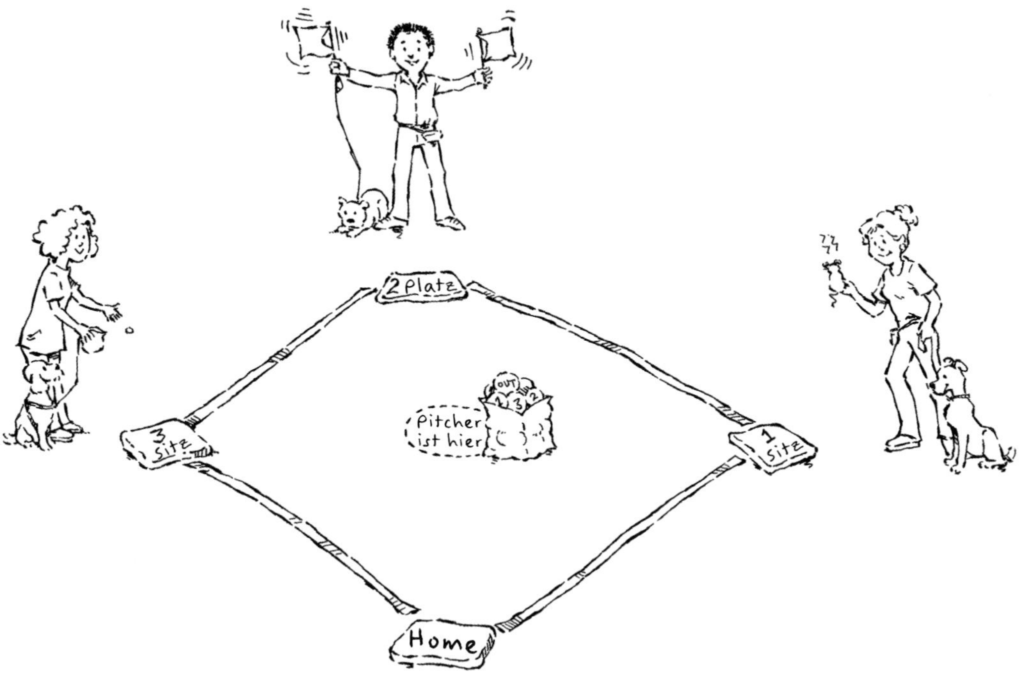

Voraussetzungen und Vorteile

Die Hunde sollten schon etwas Übung im Halten von stationären Verhalten haben. In diesem Spiel können Verhalten unter viel Ablenkung trainiert werden. Man kann damit auch große Gruppen gleichzeitig beschäftigen.

Aufbau

Bereiten Sie einen Sack mit etwa zehn alten Tennisbällen vor. Schreiben Sie mit Permanentmarker auf ein paar der Bälle „AUS", auf ein paar „HOME" und auf den Rest 1, 2 oder 3. Markieren Sie ein Baseball-Feld mit Home-Plate, Werfer-Hügel, erste, zweite und dritte Base. Als Base können Sie alle flachen Gegenstände verwenden, die nicht rutschen und über die die Läufer (die nicht laufen werden) stolpern oder ausrutschen können. Die Bases müssen nicht sehr weit voneinander entfernt sein. Die Positionen „Sitz", „Platz" und „Sitz" können auf die drei Bases geschrieben werden. Teilen Sie die Gruppe in zwei Teams ein.

Hier sind einige Ideen für Verhaltensweisen auf den Bases für das laufende Team und daneben Beispiele für Ablenkungen, die vom gegnerischen Team auf dem Feld ausgeführt werden könnten:

Sitz auf der ersten Base: Auditive Ablenkung: Quietschendes Spielzeug, Knistern einer Chips-Tüte.

Platz auf der zweiten Base: Visuelle Ablenkung: Winken mit einer Fahne, Kinderspielzeug zum Ziehen.

Sitz auf der dritten Base: Olfaktorische Ablenkung: Essbares auf einem großen Löffel in etwas Abstand zur Base anbieten. Ein Spritzer Parfum in einiger Entfernung zur Base.

Beschreibung

Diese Version des Baseballs eignet sich für einen kleinen Innenraum. Die Hälfte der Teilnehmer steht zum Laufen an und die andere Hälfte steht als Ablenkung im Feld.

Sie könnten Team-Halstücher für die Hunde vorbereiten. Der erste Hund sitzt angeleint neben seinem Partner an der Home Plate. Ohne in die Tasche zu schauen, nimmt der Werfer einen Ball heraus und wirft ihn dem Läufer (dem Menschen!) vorsichtig zu. Der Hund muss sitzenbleiben, während der Ball von seinem Partner gefangen wird. Wenn der Mensch den Ball fallen lässt oder der Hund seine Position ändert, ist das ein *Strike*. Drei Strikes, und der Spieler ist raus. Wenn der Spieler einen „Hit" erzielt (den Ball erfolgreich fängt, während der Hund sitzen bleibt), wirft der Besitzer den Ball zurück zum Werfer. Der Hund muss bleiben. Sobald der Werfer den Ball wiederhat, muss das Hund-Mensch-Paar zu der auf dem Ball angegebenen Base gehen (1, 2, 3, Home). Der Hund nimmt innerhalb von drei Sekunden nach dem jeweiligen Signal die entsprechende Position auf der Base ein oder er ist raus. Er muss in dieser Position auf der Base bleiben, bis der Nächste läuft. Dann geht das Spiel weiter. Nur der Hund, der dran ist, führt die Übung aus. Diejenigen, die bereits auf den Bases sind, „laufen" einfach die Bases ab. An jeder Base wird eine gegnerische Spielerin für Ablenkung sorgen.

Spielvarianten

Keine Ablenkungen an den Bases machen das Spiel für beide Teams einfacher.

Eine Coaching-Gelegenheit

Weisen Sie das Team im Feld darauf hin, dass ihre Ablenkungen auch ihre eigenen Hunde beeinflussen werden. Es ist für sie eine großartige Trainings-Gelegenheit. Erinnern Sie sie daran, wachsam und proaktiv zu agieren.

Safari

Voraussetzungen und Vorteile

Es hilft, wenn die Hunde auf Distanz sitzen und bleiben können. Die Hunde üben das Sitzen auf ungewöhnlichen Untergründen in einigem Abstand zu ihrer Partnerin. Dieses Spiel bietet tolle Gelegenheiten für Fotos.

Aufbau

Drucken Sie verschiedene afrikanische Tiere auf Karton – je eines pro Blatt. Machen Sie von jedem Tier mindestens drei oder vier Kopien. Markieren Sie als Laufweg einen Kreis oder ein Quadrat mit einer großen Fläche in der Mitte. Die Hälfte der Tierfotos wird entlang des Weges platziert, die andere Hälfte in der Mitte verstreut. Achten Sie darauf, dass die Fotos desselben Tieres in etwa gleicher Anzahl auf dem Weg und in der Mitte liegen. Dschungelmusik oder afrikanische Trommelmusik fördert den Spaß bei diesem Spiel.

Beschreibung

Wenn die Musik läuft, gehen die Teams den Weg entlang. Wenn die Musik aufhört, gehen sie bis zum nächsten Tier. Der Hund bleibt auf diesem Tier sitzen, während sein Partner ein passendes Tier in der Mitte findet und sich daraufstellt. Wenn die Musik beginnt, kehren die Menschen zurück zu den Hunden und beginnen erneut. Foto-Gelegenheit! Menschen lieben Fotos ihrer Hunde! Das Safari-Spiel eignet sich gut dafür. SLA können sich so positionieren, dass sie Fotos von den glücklichen Paaren machen können.

Spielvarianten

Für mehr Stimmung und zusätzliche Ablenkung können Sie ein paar Plüschtiere in der Umgebung verteilen. Bei sehr fortgeschrittenen Hunden könnte die SL die Hunde nacheinander von ihren Partnerinnen rufen lassen. Wenn die Partner wieder vereint sind, könnte eine SLA ein Foto vom Moment der glücklichen Wiedervereinigung machen. Die Fotos können Sie zum Beispiel per E-Mail oder What's App mit Ihren Spielern teilen.

Eine Coaching-Gelegenheit

Besprechen Sie, dass Kameras und Fotografen auf Hunde ungewöhnlich und abschreckend wirken können.

Pizza-Lieferung

Voraussetzungen und Vorteile

Etwas grundlegende Erfahrung mit Sitz unter Ablenkung ist vorteilhaft. Türen können für Hunde eine Herausforderung sein. Dieses Spiel übt gute Impulskontrolle und höfliches Verhalten an der Tür.

Aufbau

Sammeln Sie ein oder zwei leere Pizzakartons. Die, bei denen noch geschmolzener Käse am Boden klebt, eignen sich bestens! Sie brauchen eine Türöffnung. Die Spielerin sitzt auf einem Stuhl auf der einen Seite der Tür, eine SLA steht auf der anderen Seite mit dem Pizzakarton. Legen Sie ein Stück Teppich als Target in die Nähe des Stuhls. Bestücken Sie einen Geldbeutel mit genug Geld, um die Pizza zu bezahlen. Optional: Verwenden Sie eine günstige batteriebetriebene Türklingel.

Beschreibung

Die „Pizzabotin" klopft an die Tür oder klingelt und ruft: „Pizza!" Die Partnerin steht vom Stuhl auf, gibt ihrem Hund das Zeichen, sich auf den Teppich zu setzen und lässt dann die Pizzabotin herein. Der Fokus liegt auf dem Hundetraining, nicht auf der Höflichkeit gegenüber der Pizzabotin. Verhelfen Sie dem Hund zum Erfolg.

Spielvarianten

Die Lieferantin nennt den fälligen Betrag und die Kundin muss den richtigen Betrag in der Geldbörse finden und die Pizza bezahlen, während der Hund sitzen bleibt. Um die Dauer des Sitzens zu verlängern, überraschen Sie die Teilnehmerin mit fremder Währung im Geldbeutel oder sorgen Sie dafür, dass nicht das passende Wechselgeld zur Hand ist.

Eine Coaching-Gelegenheit

In einer Aufgabenanalyse können Sie viele unterschiedliche Komponenten dieser Übung identifizieren. Einige davon könnten Sie in der Gruppe als Aufwärmübung spielen: auf einem Target sitzen und belohnt werden, ein Klopfen hören und ein Leckerli erhalten, stillsitzen, während sich eine Tür öffnet und schließt. Wenn die Teilnehmerinnen einen Marker verwenden, überprüfen Sie, ob ihre Technik stimmt. Türen sind auch für Menschen knifflig! Ich habe mich einmal als Pizzabotin versehentlich in einen Schrank eingesperrt.

Duellierende Hunde

Voraussetzungen und Vorteile

Das Bleiben im Sitz und Platz auf Entfernung bis zum Auflösesignal ist eine gute Grundlage für dieses Spiel. Die Teilnehmer üben Sitzenbleiben mit Weggehen des Menschen und Platz auf Distanz.

Aufbau

Zwei Mensch-Hund-Paare stehen Rücken an Rücken mit einem großzügigen Abstand zueinander. Option: Eine durchsichtige physische Barriere zwischen den Hunden.

Beschreibung

Auf ein Zeichen der SL bleiben beide Hunde sitzen, während ihre Partner drei Schritte vorwärtsgehen, sich umdrehen und ihren Hunden gegenüberstehen. Auf ein „Jetzt" der SL geben beide ihren Hunden das Signal für Platz. Wer zuletzt ins Platz geht, ist raus und das nächste Paar kommt aufs Spielfeld, um das verbleibende Paar herauszufordern.

Spielvarianten

Anstelle eines Duells können Sie das Spiel auch als Gruppe spielen, indem Sie die Paare um einen markierten Kreis herumgehen lassen. Wenn die SL „Jetzt" sagt, sollten sich die Hunde ins Platz begeben. Mit Musik macht es noch mehr Spaß!

Eine Coaching-Gelegenheit

Befördern Sie jeden Hund, der ausgeschieden ist zu einer kurzen privaten Übungseinheit mit einer SLA. Nach etwas Coaching und Übung kann das Paar wieder als Herausforderer teilnehmen. Wenn Sie über Techniken sprechen wollen, bieten sich bei diesem Spiel folgende Möglichkeiten zum Üben:

- ***Latenzzeit*** (Reaktionszeit zwischen dem Signal und dem Beginn der Ausführung durch den Hund)

- ***Geschwindigkeit*** (die Zeit, die der Hund zur Ausführung von Beginn bis Ende des Verhaltens braucht)

- ***Präzision*** (Kriecht der Hund vorwärts oder bleibt er an Ort und Stelle? Ist das wichtig?)

HUNDE-GESCHENKVERPACKUNG

Voraussetzungen und Vorteile

Hunde, die bereits Erfahrung damit haben, angefasst zu werden, üben in diesem Spiel, gelassen zu bleiben, wenn ihnen in Anwesenheit anderer Hunde Kleidung angezogen wird.

Aufbau

Eine Linie pro Team. Ein Stück Geschenkpapier oder Stoff und Schleifenband, lang genug für den Bauchumfang des größten Hundes.

Beschreibung

Die Hunde jedes Teams stellen sich auf ihrer Linie auf. Der erste Hund wird in das Material eingewickelt und mit dem Schleifenband versehen, dann wieder ausgewickelt und der Stoff an den nächsten Spieler im Team weitergegeben.

Eine Coaching-Gelegenheit

Möglichkeit vor dem Spiel: Führen Sie die Hunde an das Schleifenband und das Geschenkpapier (bzw. den Stoff) heran, indem Sie sie es anschauen, beschnuppern und befühlen lassen. Teilen Sie die Aufgabe in kleine Schritte auf und verstärken Sie jeden Schritt.

Londoner Nebel

Voraussetzungen und Vorteile

Hunde, die schon gut kommen, wenn sie gerufen werden, können in diesem Spiel mehr Selbstvertrauen mit dem Rückruf-Signal aufbauen.

Aufbau

Wenn Sie das Spiel ohne Leine spielen möchten, sollte der Spielbereich sicher umzäunt sein. Alternativ verwenden Sie eine lange Leine. Sie benötigen ein paar große Papiertüten.

Beschreibung

Ein SLA hält den Hund am Halsband oder der Leine, während seine Person zur anderen Seite des Spielfelds geht. Leider setzt dann der für London übliche Nebel ein (die Person stülpt sich die Papiertüte über den Kopf), kurz bevor oder nachdem sie ihren Hund ruft. Der Hund wird überschwänglich verstärkt, wenn er seinen Menschen gefunden hat.

Spielvarianten

Der Hund könnte auch hinter einer Barriere gehalten werden, sodass er nicht sehen kann, wohin seine Person geht. Wenn er gerufen wird, muss er seine Partnerin finden. Ich mag daran, dass der Hund seine Nase zum Suchen benutzt, aber manche Hunde werden nicht gerne festgehalten, wenn ihr Mensch außer Sicht geht. Machen Sie es von Ihren Spielern abhängig.

Eine Coaching-Gelegenheit

Besprechen Sie vorab in der Gruppe, ob jeder Hund für diese Übung geeignet ist und welche Variationen für welchen Hund besser wären. Soll die Übung an der Leine durchgeführt werden? An einer langen Leine? Manche Hunde werden unruhig, wenn sie das Gesicht ihres Menschen nicht sehen können. Vielleicht ist etwas vorbereitende Übung mit der Papiertüte angebracht.

Verbindendes Dreieck

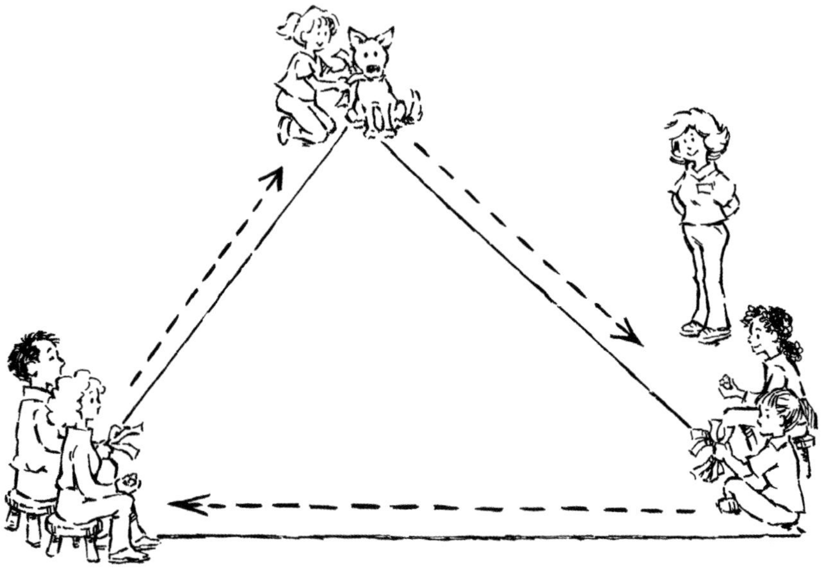

Voraussetzungen und Vorteile

Dies ist kein Wesenstest. Spielen Sie nur mit Hunden, die kein Problem mit Aufmerksamkeit und Berührungen von anderen Personen haben. Der Hund übt, dass Berührungen am Halsband etwas Gutes sind. Das ist hilfreich für Situationen, in denen Unbekannte den Hund anfassen müssen.

Aufbau

Kennzeichnen Sie am Boden die Punkte eines Dreiecks mit drei bis viereinhalb Metern Seitenlänge. Eine lange Leine oder ein abgetrennter Bereich sind nötig. Bereiten Sie breite, weiche Bänder mit einer Länge von 15 cm vor. Sie benötigen vier Teilnehmer für dieses Spiel. Eine SLA kann mitmachen, aber Sie benötigen weitere versierte Spieler. Wählen Sie Teilnehmer aus, die Ihren Anweisungen folgen. Es ist keine gute Idee, spontan unbekannte Zuschauer zum Helfen einzuladen.

Beschreibung

Die Spieler bilden zwei Zweiergruppen an zwei Ecken des Dreiecks. Sie sitzen auf dem Boden oder einem niedrigen Stuhl. Im Sitzen wirken Personen für Hunde meistens freundlicher. Eine Person an jeder Station hat eine Handvoll kleine Hundekekse, die andere hat sechs Bänder. Wählen Sie ein Hund-Mensch-Team, welches zum leeren Dreieckpunkt geht. Der Spieler hat ebenfalls Leckerli und Bänder. Der Hund ist an einer langen Leine, falls nötig. Das Spiel beginnt. Der Spieler bindet ein Band an das Geschirr oder Halsband des eigenen Hundes und gibt dem Hund eine Belohnung. Das Spiel geht im Uhrzeigersinn, die zwei Teilnehmer rufen den Hund zu sich. Eine Person kann ein Band anbinden, die andere Person gibt die Belohnung. Die Reihenfolge ist:

- Rufen, Hund kommt
- Spieler mit den Bändern greift das Halsband
- Spieler mit den Keksen gibt einen Hundekeks, sobald die Hand am Halsband ist
- Das Band wird angebunden, während weitere Belohnungen gegeben werden
- Das neue Zwei-Personen-Team ruft den Hund und wiederholt das Ganze
- Der Teilnehmer am dritten Punkt des Dreiecks ruft den Hund und bindet ein Band an

Durch zwei Spieler je Station bleibt der Hund eher ruhig. Der Spieler kann dadurch auch das Band mit möglichst wenig Gefummel reibungslos am Hund anbinden. Die Spielleitung überwacht das Wohl des Hundes während des Spiels und greift ein, falls nötig. Der Hund wird von Station zu Station gerufen, bis 30 Sekunden um sind oder bis das Spiel von der SL beendet wird. Dann kommt das nächste Team an die Reihe.

Spielvarianten

In einer fortgeschrittenen Version kann eine Station ohne Belohnung die intermittierende Verstärkung demonstrieren. Es kann helfen, wenn der erste Teilnehmer, bevor er ruft, das Leckerli zeigt. Ich nenne das „Starthilfe-Locken". Wenn Sie Locken als Starthilfe einsetzen, besprechen Sie auch die Tücken dieser Technik.

Eine Coaching-Gelegenheit

Hier sind Ideen, die Sie in eine Vorübung einbauen können:

- Alle Paare bekommen Bänder. Gestalten Sie die Übung so, dass der Hund so nahe bei seinem Besitzer ist, dass dieser nicht auf den Hund zugehen muss. Für viele Hunde ist das Zugehen ein Trigger, um zurückzuweichen. Wir versuchen mit dieser Übung, dagegen zu trainieren. Der Teilnehmer bindet seinem Hund ein Band an und gibt dann eine Belohnung. Wiederholen Sie dies mehrfach.

- Besprechen Sie, wie die Hunde zunächst am Band schnüffeln dürfen anstatt es aufdringlich anzubinden.

- Leiten Sie die Spieler an, das Halsband von unten zu greifen anstatt über den Kopf.

- Erinnern Sie an den Unterschied zwischen Locken und positiver Verstärkung. Bei diesem Spiel geht es nicht ums Locken, sondern um Zusammenhänge im Training. Die Belohnung ist abhängig vom Ankommen bei dem Teilnehmer, der gerufen hat. Ich erlaube manchmal ein Locken als Starthilfe für das erste Rufen, danach ist das Locken nicht mehr erlaubt.

- Wenn die Teilnehmer einen durchsichtigen Plastikbeutel mit Leckerli haben, merkt der Hund, dass es immer noch etwas zu holen gibt. Jetzt liegt es am Hund, herauszufinden, was er tun muss, damit die Menschen die Belohnung herausrücken.

Identitätswechsel

Voraussetzungen und Vorteile

Spielen Sie mit sozialen Hunden, denen es nichts ausmacht, angefasst zu werden. Die Hunde lernen, dass sie in einer neuen Umgebung sicher sind. Die Menschen haben die Möglichkeit, das richtige Handling mit dem Hund zu üben.

Aufbau

Stellen Sie einen Haufen unterschiedlicher Gegenstände zur Verfügung, damit die Spieler kreativ werden: Stoffreste, Spielzeug, Kordeln, dickes Papier oder Karton und Klebeband – nichts, was schon einen offensichtlichen Verwendungszweck vorgibt. (Keine Faschingskostüme!)

Beschreibung

Jeder Hund wird etwas oder jemanden darstellen und die Gruppe muss raten, was oder wer er ist. Sie können eine bestimmte Kategorie vorgeben: Gemüse, Schauspieler, ein Tier, historisches Ereignis, Lieblingsessen, ein

Lied. Die Hunde können verkleidet werden, Gegenstände benutzen oder Hinweise vorspielen. Es macht mehr Spaß, wenn es spontan gespielt wird und die Teilnehmer schnell etwas erfinden müssen anstatt lange im Voraus Zeit zu haben, um Kostüme zu kreieren. Hören Sie lieber früher auf als zu spät. Die Hunde sollten sich nicht begrüßen oder überhaupt nahekommen.

Ich erinnere mich aus diesem Spiel besonders an folgende Erlebnisse: Ein ziemlich großer schwarzer Labrador, der mit einem grünen Schal um seinen Kopf dasaß, war eine Aubergine. Ein Dalmatiner, der einen weißen mit Kleenex-Tüchern ausgestopften Handschuh unter seinen Bauch gebunden hatte, war eine Milchkuh. Oder ein Dackel, der in einem aus einem braunen Mantel gemachten Nest lag und eine gelbe Leine im Zickzack über seinen Rücken gelegt hatte: Er war ein Hot Dog im Brötchen mit Senf.

Spielvariationen

Drucken Sie vor dem Spiel Urkunden aus. Jeder gewinnt eine spezielle Kategorie. Es ist eine gute Aufgabe für eine SLA, die Kategorien während des Spiels zu erfinden und zu ergänzen. Einige Ideen: Bestgekleideter, Lustigster, Süßester, Schönster, Schrecklichster, Realistischster, Kreativster.

Eine Coaching-Gelegenheit

Wenn Sie eine kurze Lerneinheit machen möchten, demonstrieren Sie, wie Gegenkonditionieren funktioniert. Ein Hund im Kostüm wird gesehen, Leckerli wird gegeben – in dieser Reihenfolge. Das Merkwürdige kündigt etwas Gutes an. Erklären Sie, wie systematische Desensibilisierung diesen Prozess beschleunigt: Das neue, ungewohnte Ding befindet sich zuerst in einer Distanz unterhalb der Reizschwelle des Hundes. Dann kommt es näher. Beachten Sie die Körpersprache der Hunde, ob sie sich wohl fühlen. Tipps zur Körpersprache finden Sie auf Seite 25 bis 28.

Strandparty Limbo

Voraussetzungen und Vorteile

Aufmerksamkeit zwischen Hund und Mensch ist hilfreich. Der Hund übt, Ablenkung zu ignorieren und trainiert Impulskontrolle.

Aufbau

Zwei stabile Tische stehen einen bis anderthalb Meter voneinander entfernt. Zwischen ihnen ist ein etwa 2 cm dicker Stecken oder Besenstiel mit starkem Klebeband fest angebracht. Hängen Sie einige weiche, leichte, verlockende Spielzeuge daran. Ein paar davon könnten mit Klett verschließbar sein und Leckerli enthalten. Bitte keine schweren Spielzeuge nehmen! Egal ob Rock'n'Roll- oder Reggae-Fan, Sie werden sicher eine passende Limbo-Musik finden.

Beschreibung

Die Hunde werden unter der Limbo-Stange abgerufen, ohne ein Spielzeug zu greifen. Der Spielleiter kann die Schwierigkeit für jeden Hund variieren. Die Übung sollte so arrangiert werden, dass der Hund erfolgreich sein kann. Wenn es ein Hund auf die andere Seite geschafft hat, feiert das Team eine Party. Eine „21-22-23"-Party (die Spielleitung zählt „21, 22, 23" um sicher zu sein, dass die Party lange genug dauert). Sie finden die Beschreibung der „21-22-23"-Party auf Seite 39.

Eine Coaching-Gelegenheit

Um dem Hund zu vermitteln, dass er die richtige Entscheidung damit getroffen hat, die Limbo-Ablenkungen zu ignorieren, hat die SL ähnliche Gegenstände in ihrer Tasche. Wenn der Hund erfolgreich zur Besitzerin läuft, ruft die SL „Achtung" und wirft ihm ein Spielzeug zu. Deshalb die Voraussetzung eines leichten Spielzeugs! Der Hund lernt, dass es Spaß macht, zu seiner Partnerin zu laufen und zusätzlich kann diese ihm das geben, was er ignoriert hat (und vielleicht gerne gehabt hätte).

Hundecafé

Voraussetzungen und Vorteile

Die Hunde sollten sich an der Leine und in der Nähe anderer Hunde wohlfühlen und sich auf das Leinegehen konzentrieren können. Mit Hundecafé können Sie auch eine Pause zwischen anderen Spielen gestalten. Es wird mit realen Alltagsablenkungen rund um den Esstisch trainiert.

Aufbau

Tische und Stühle für das Café. Getränke. Wegmarkierungen.

Beschreibung

Legen Sie zuvor die Kriterien für ein gutes Sitz und das Gehen an der Leine fest. Markieren Sie einen großen Kreis als Weg. Einige Paare werden auf dem Kreis laufen, während sich die restliche Gruppe in der Nähe bereithält. Mit der Musik beginnen die Teams, auf dem Kreis zu gehen. Sobald die Musik stoppt, sollen sich die Hunde setzen. Der erste Hund, der das Sitz wie von der SL festgelegt korrekt ausführt, verlässt den Spazierweg und geht zum Café. (Dieses Paar braucht keine weitere Übung!) Ein Paar aus dem Wartebereich kommt zum Spazierweg und geht in der nächsten Runde mit. Wenn nur noch drei Teams auf dem Spazierweg sind, ist das Spiel beendet. Wer noch Übung brauchte, hatte etwas Extra-Trainingszeit mit einer SLA und alle konnten inzwischen eine Erfrischung im Café genießen.

Spielvariationen

Das Café kann in der Mitte des Spazierkreises sein und für Ablenkung sorgen. Die Spaziergeher müssen die Cafébesucher ignorieren und umgekehrt.

Sie können Ihre Teilnehmer auch bitten, selbst gemachte Hundekekse mitzubringen und gegenseitig zu tauschen. Am besten sollten auch gleich die Rezepte und Zutatenlisten mitgebracht werden, um Allergien zu vermeiden.

Moji Moji Kun

Voraussetzungen und Vorteile

Menschliche Spieler müssen sich sicher und bequem auf den Boden setzen und wieder aufstehen können. Die hündischen Mitspieler müssen sich in der Nähe von anderen Hunden und Menschen zuverlässig wohl fühlen. Dieses Spiel fördert die Zusammenarbeit in der Gruppe und die Rücksichtnahme auf die Hunde. Es erfordert ein wenig Sportlichkeit bei den Menschen und Selbstbeherrschung bei den Hunden.

Aufbau

Teilen Sie die Spieler in zwei oder mehr Teams von jeweils etwa vier bis fünf Paaren ein. Jedes Team benötigt einen separaten, etwas abgelegenen Bereich, um seine Planung durchzuführen. Sie benötigen eine auf den Boden geklebte Linie. Beginnen Sie mit einer Linie von etwa viereinhalb Metern, aber seien Sie bereit, sie bei Bedarf für ein Team zu verlängern.

Beschreibung

Ich weiß, es ist ein seltsamer Name! Moji Moji Kun war eine Spielshow im japanischen Fernsehen. Sie wurde von Teilnehmern (Menschen, keine Hunde!) gespielt, die schwarze Ganzkörper-Trikots trugen. Ich habe das von einem japanischen Trainer gelernt, der die TV-Sendung zu dieser Übung für Trainingskurse adaptiert hat: Hunde und ihre Menschen buchstabieren mit ihrem Körper ein Wort, während sie auf der Linie am Boden stehen, sitzen oder liegen. Die Teams können sich einen Spaß daraus machen, die Wörter der anderen zu erraten.

Spielvarianten

Für besondere Anlässe können Sie den Teams ein Thema vorgeben, das sie mit ihrem Wort darstellen sollen. Im Frühling könnte die SL zum Beispiel verlangen, dass das Wort eine Frühlingsblume darstellt. Dies erhöht den Schwierigkeitsgrad der Übung etwas.

Eine Coaching-Gelegenheit

Die Teams sollten sich beraten und sich für ein Wort entscheiden, das für das Können und das Temperament der Hunde (und Menschen!) geeignet ist. Sie können besprechen, wie die einzelnen Hunde auf die Welt um sie herum reagieren. Zum Beispiel kann es sein, dass ein Hund gerne neben einem anderen sitzt, sich aber in der Platzposition nicht wohlfühlt. Sprechen Sie darüber, wie die Körpersprache eines Hundes seinen Gemütszustand zeigen kann. Auf den Seiten 25 bis 28 finden Sie Informationen über die Körpersprache von Hunden. Wenn ein Hund Probleme mit seinem persönlichen Freiraum hat, können die Spieler kreativ sein und diesen Hund einbeziehen, indem sie ihm einen Buchstaben zuweisen, der nur ihn und seinen Partner betrifft und unmittelbare Nähe zu anderen vermeidet. Ideen dafür sind L, P, T oder V oder sogar ein Ausrufezeichen. Ein sitzender Hund könnte ein Punkt am Ende des Wortes sein.

Meins oder Deins?

Voraussetzungen und Vorteile

Die teilnehmenden Hunde sollten ein gewisses Maß an Selbstkontrolle in unmittelbarer Nähe zu anderen Hunden haben. In diesem Spiel können Hunde üben, aufeinander zuzugehen und sich voneinander abzuwenden. Die Menschen üben die Fähigkeit, je nach Verhalten der anderen eine Entscheidung zu treffen.

Aufbau

In den meisten Spielumgebungen gibt es eine Vielzahl von Farben: grünes Gras, braune Baumstämme, Mülltonnen, über einen Stuhl geworfene Jacken, Vorhänge an der Wand, Pinnwände. Wenn die vorhandene Umgebung nicht sehr farbenfroh ist, schneiden Sie einige Knochenformen aus farbigem Bastelpapier aus und heften Sie sie an Wände oder Bäume und verteilen Sie ein paar auf dem Boden. Eine weitere Möglichkeit, die vorhandenen Farboptionen zu ergänzen, ist das Anbinden von Tüchern oder Schleifen an strategischen Stellen im Spielbereich. Dies erhöht die Chancen, die passende Farbe schnell zu finden und viele Optionen bei der Farbauswahl zu haben. Verwenden Sie kein Rot, da manche Menschen Schwierigkeiten haben, die Farbe Rot zu sehen.

Beschreibung

Die Teilnehmer gehen gemeinsam zur Musik einen festgelegten Rundweg entlang. Die Musik stoppt, die SL sagt eine Farbe an und jedes Paar findet diese Farbe irgendwo im Raum. Die menschliche Partnerin legt ihre Hand oder ihren Fuß auf die Farbe und hält sie dort, während sie ihren Hund zum Sitzen auffordert. Klingt einfach, aber die ganze Gruppe sucht gleichzeitig nach Farben. Die wichtige Regel ist, dass es nur ein Paar pro Objekt geben kann. Hier kommt das „Meins oder Deins" ins Spiel. Wenn sich zwei Paare demselben Objekt nähern, muss eines zurückweichen: Es wendet sich ab und sucht sich die Farbe woanders.

Es ist weder in der Menschen- noch in der Hundesprache höflich, sich frontal auf den Menschen zu stürzen und zu versuchen, die Farbe zuerst zu beanspruchen. Legen Sie die Regeln fest, dass Farbe an einem menschlichen oder hündischen Körper nicht verwendet werden darf. Das gilt auch für das eigene T-Shirt oder die eigene Leine!

Spielvarianten

Bänder sammeln: Anstelle von zufälligen farbigen Gegenständen in der Umgebung halten Sie einen großen Vorrat an 15 cm-Bändern in verschiedenen Farben bereit, die an verschiedenen Stellen verstreut und an Gegenstände gebunden sind. Wenn die SL eine Farbe ruft, nimmt derjenige, der einem Band am nächsten ist, dieses ab und bindet es an das Halsband oder Geschirr seines Hundes. Diese Version macht die Auswahl im Laufe des Spiels immer knapper und erhöht die Anstrengung, sich zu beherrschen und anderen den Vortritt zu lassen. Ich würde die Bänder am Ende nicht zusammenzählen, um festzustellen, wer die meisten hat. Dies bringt die Spieler in den Konflikt zwischen Wettstreit und Höflichkeit den Mitmenschen gegenüber.

Ich höre eine Symphonie

Voraussetzungen und Vorteile

Die Hunde sollten nicht übermäßig geräuschempfindlich und bereit sein, mit fremden Gegenständen zu interagieren. Das Spiel bietet den Partnern die Möglichkeit, Aufgabenanalyse, kreatives Denken und die Entwicklung eines effektiven Trainingsplans zu üben. Den Schülern hilft es, vermeintliche Grenzen zu überwinden.

Aufbau

Sammeln Sie gebrauchte Spielzeug-Musikinstrumente. Sie brauchen mehr Spielzeuge als Teilnehmer, damit jedes Paar mehrere zur Auswahl hat. In Secondhand-Läden (oder in den Kleinanzeigen) finden Sie Klaviere, Trommeln, elektronische Keyboards, Glocken, Gitarren, Tambourin – schauen Sie sich um und nutzen Sie Ihre Fantasie. Verteilen Sie die Spielzeuge in der Mitte des Raumes und lassen Sie die Spieler, alphabetisch nach den Namen der Hunde geordnet, ein Instrument auswählen. Suchen Sie im Internet nach der Motown-Gruppe „The Supremes" – Sie werden genau die richtige Musik für dieses Spiel finden.

Beschreibung

Dieses Spiel ist nicht für ein einstündiges Training geeignet. Es funktioniert gut in einer ein- oder zweitägigen Veranstaltung, da es mehrere kurze „Proben" erfordert. Jeder Hund wird von seinem Menschen dazu geshaped, sein Instrument zu „spielen". Fünf bis zehn Minuten Training können bei einer eintägigen Veranstaltung mit anderen Spielen und Aktivitäten eingestreut werden. Bei wöchentlichen Kursen können ein paar Minuten pro Woche zu einer Symphonie am Ende des Kurses führen.

Eine Coaching-Gelegenheit

Leiten Sie eine Gruppendiskussion über mögliche Trainingspläne, um jedem Hund das Spielen seines Instruments beizubringen. Mit einer Pfote auf einer Gitarre spielen? Die Nase benutzen, um Klavier zu spielen? Das Tambourin greifen und schütteln? Können Sie ein spontan angebotenes Verhalten einfangen und es dann verstärken? Kann ein vorhandenes Verhalten, z. B. „Target“, verwendet werden, um ein neues Verhalten zu schaffen?

Surfin' USA

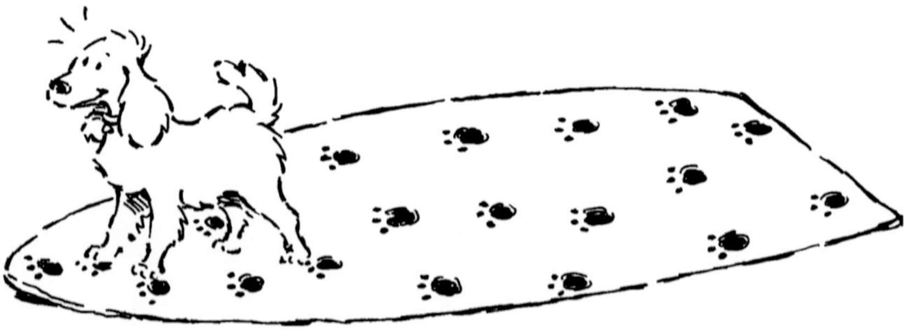

Voraussetzungen und Vorteile

Die Hunde üben, in einer etwas ungewohnten Position auf einer neuartigen Unterlage zu stehen.

Aufbau

Dies ist die perfekte Verwendung für das alte Schaumstoff-Surfbrett, das Sie in der Garage haben! Sie haben keins? Kein Problem, schneiden Sie einfach eine Surfbrettform aus einem Stück Pappe aus. Wenn Ihr Bügelbrett im flach gefalteten Zustand stabil ist, verwenden Sie dieses. Zeichnen Sie acht bis zwölf Hundefußabdrücke an zufälligen Stellen auf das Brett. Achten Sie darauf, dass sie in unterschiedlichen Abständen zueinanderstehen, sodass vier von ihnen als bequeme Targets für Hunde jeder Größe ausgewählt werden können. Suchen Sie im Internet nach Songs aus den 1960er Jahren von den „Beach Boys" – Sie werden genau die richtige Musik für dieses Spiel finden.

Beschreibung

Die Hunde bleiben abwechselnd für einige Sekunden auf den Pfotenabdrücken stehen. Aufgrund der Lage der Pfotenabdrücke ist es wahrscheinlich, dass eine der Pfoten des Hundes leicht ausgestreckt sein muss.

Spielvarianten

Um die Herausforderung zu erhöhen, könnte der Hund beim Surfen eine Sonnenbrille und ein Sonnen-Cap tragen. Sie könnten das Surfbrett auf eine Stufe einer Treppe zeichnen. Der Hund kann auf einer der ankommenden Wellen surfen.

Eine Coaching-Gelegenheit

Passen Sie die Übung bei Bedarf so an, dass sie für alle Teilnehmer zum Erfolg führt. Diese Hunde könnten stattdessen mit nur zwei Vorderpfoten auf einfach positionierten Pfotenabdrücken auf dem Brett sitzen.

(Nicht) aufpassen, wo man hintritt

Voraussetzungen und Vorteile

Der Hund sollte Erfahrung mit dem Laufen an der Leine haben. Dieses Spiel zeigt, ob mehr Arbeit an der Aufmerksamkeit des Hundes gegenüber seinem Partner und dem flüssigen Gehen an der Leine nötig ist. Es ist vor allem eine Übung für Menschen, um zu lernen, effektiv miteinander zu kommunizieren: Wie George Bernard Shaw bemerkte: „Das größte Problem bei der Kommunikation ist die Illusion, dass sie stattgefunden hat."

Aufbau

Markieren Sie die Grenzen eines Spielbereichs – 3,5 x 7 Meter sind ausreichend. Diese Aktivität braucht viel Platz und wird am besten immer nur von einem Paar auf einmal durchgeführt, ist also ziemlich zeitaufwändig. Sie brauchen verschiedene Gegenstände, die Sie auf den Boden legen können. Verwenden Sie alles, was gerade zur Hand ist, z. B. Kegel, Seile, Bücher, Stühle, Leinen, Mäntel, Handtaschen, Spielzeug, Schachteln und Schüsseln. Verwenden Sie ein Halstuch oder einen anderen geeigneten Gegenstand als Augenbinde.

Beschreibung

Die Gegenstände liegen verstreut auf dem Boden. Sie dürfen nicht zerbrechlich oder gefährlich für die Hunde oder Menschen sein. Wählen Sie zwei Paare aus, die zusammenarbeiten. Ein Paar muss durch den Parcours laufen, ohne auf etwas zu treten oder dagegen zu stoßen. Das ist schwierig, denn der Person sind die Augen verbunden und der Hund muss genau folgen! Sie bekommt vom anderen Spieler Anweisungen, wie sie erfolgreich durch den Parcours kommt.

Spielvarianten

Diese Übung funktioniert auch mit Menschen allein gut. Ich mache sie oft bei Trainer-Workshops!

Eine Coaching-Gelegenheit

Wenn die Leute wissen, mit wem sie zusammenarbeiten werden, kann ein Treffen stattfinden, um zu planen, wie man positiv und effektiv Anweisungen geben kann. Input von beiden ist erwünscht, da sie sich gegenseitig anleiten werden. Wie groß ist ein großer Schritt? Ist es dasselbe wie ein hoher Schritt? Wie sollten Drehungen angegeben werden? Berücksichtigen Sie, wie sich all dies auf den Hundepartner auswirkt! Eine SLA könnte die Übung auf Video aufnehmen, damit die Person mit verbundenen Augen sie später sehen kann. Wenn Sie frech sein wollen, können Sie es in ein „Gedankenfeld" für die Spielerin verwandeln. Nachdem die Augenbinde angelegt ist, schleicht sich eine SLA leise in den Parcours und entfernt *alles*. Wenn die Spielerin den Parcours in hohen Schritten und mit viel Ausweichen durchquert hat, sagen Sie „gut gemacht", nehmen die Augenbinde ab… und gehen am besten in Deckung. *Das* wird ein gutes Video.

Komm ganz nah

Voraussetzungen und Vorteile

Spielen Sie dieses Spiel mit Hunden, die bereits etwas Erfahrung mit dem Rückruf haben. Manche Hunde laufen gerne weg – eine Angewohnheit, die frustrierend und gefährlich sein kann. Wenn man nach ihnen greift, wird es manchmal noch schlimmer. Dieses Spiel macht uns auf Handlungen aufmerksam, die das Weglaufen fördern oder auslösen.

Aufbau

Sie benötigen eine Start- und eine Ziellinie sowie zwei Münzen.

Beschreibung

Bei dieser Übung wartet der Hund, während seine Besitzerin sich fünf bis sechs Meter entfernt. Sie klemmt eine Münze unter jeden Arm und ruft ihren Hund. Sie muss den Hund anleinen, ohne die eingeklemmten Münzen fallen zu lassen. Das bedeutet, dass sie die Arme nicht ausstrecken kann und den Hund motivieren muss, näher zu kommen.

Spielvarianten

Dieses Spiel kann als individuelle Herausforderung, auf Zeit oder in Teams als Wettbewerb gespielt werden.

Eine Coaching-Gelegenheit

Wenn Sie sehen, dass Paare damit Schwierigkeiten haben, ändern Sie das Spiel in eine Version von „Verbindendes Dreieck“ (siehe Seite 123). Die Grundübung für dieses Spiel, „Hab Dich“, spiele ich in jedem Hundekurs. Mit ihren Hunden an der Leine direkt vor ihnen führen die Spieler diese Aktionen in folgender Reihenfolge aus:

1. Sie greifen das Halsband Ihres Hundes.

2. Verwenden Sie einen verbalen Marker, falls gewünscht.

3. Geben Sie dem Hund ein Leckerli.

4. Lassen Sie das Halsband los.

5. Wiederholen Sie den Vorgang.

Es ist wichtig, dass die Trainerin das Halsband loslässt, bevor die Sequenz wiederholt wird. Damit wird unterstrichen, dass der Griff zum Halsband etwas Gutes ankündigt. In meinem Unterrichtsformat ist die „Hab Dich"-Übung ein wichtiges Element im Rückruf-Training.

Goldrausch

Voraussetzungen und Vorteile

Bedenken Sie bei diesem Spiel, dass möglicherweise um den Hund herum Kartonschachteln herunterfallen könnten. Die mitspielenden Hunde müssen damit zurechtkommen. Mit diesem Spiel üben Sie, dass die Hunde brav neben ihrem Menschen laufen, wenn sie das nächste Mal mit Einkaufstüten bepackt über einen vereisten Gehweg laufen.

Aufbau

Verwenden Sie Kartons, Milchtüten oder Styroporschachteln und verwandeln Sie sie in Goldbarren und -nuggets. Um es echt aussehen zu lassen, besprühen Sie sie mit gelber Farbe oder wickeln Sie sie in Goldpapier. Schreiben Sie einen Wert auf jede Schachtel. Markieren Sie eine Startlinie, hinter der die Schachteln zu einem Stapel – der Goldmine – aufgeschichtet werden. Bestimmen Sie eine bestimmte Stelle auf der Spielfläche als Bank.

Platzieren Sie Hindernisse zwischen der Bank und der Goldmine. Einige Beispiele sind Garderobenständer, unter denen man hindurchgehen muss, Stapel von Gegenständen, über die man steigen muss oder Stühle, um die man herumgehen muss.

Schreiben Sie einen Wert zwischen fünf und 25 auf jede Box. Machen Sie es dem Punktezähler leicht, indem Sie Fünfer-Schritte verwenden. Überlegen Sie, ob Sie Schachteln, die schwieriger zu tragen sind, höher bewerten sollten.

Beschreibung

Wählen Sie zwei Teams für dieses Wettbewerbsspiel. Das Pärchen aus dem ersten Team geht von der Bank zur Goldmine und nimmt so viele Schachteln (Goldbarren) auf, wie es sich traut. Sie dürfen gierig sein und viel Gold mitnehmen, aber laufen dann Gefahr, auf dem Weg zur Bank etwas von ihrer wertvollen Ladung zu verlieren. Sie müssen den Schatz durch den Parcours tragen und dabei den Hund animieren, brav mitzulaufen. Es gewinnt das Team, welches das meiste Gold in der Bank deponiert.

Spielvarianten

Wenn eine Person auf dem Weg Schachteln fallen lässt, verliert sie nicht nur diesen Goldbarren, sondern sein Wert wird von ihrer Gesamtsumme abgezogen. Eine doppelte Strafe! Übrigens: Wenn ein Spieler eine Schachtel fallen lässt, kann ein Räuber aus dem anderen Team diesen Barren stehlen und der Wert wird zum Endstand seines Teams addiert.

Sockenpaare

Voraussetzungen und Vorteile

Dieses Spiel trainiert das Bringen von Gegenständen (Apportieren). Eine gewisse Erfahrung ist zwar hilfreich, aber nicht notwendig.

Aufbau

Dies ist eine gute Verwendung für vereinsamte Socken! Jede Familie mit Hunden hat einen Haufen davon. Markieren Sie eine Startlinie und verteilen Sie die Socken am Ende des Spielfelds.

Beschreibung

Stellen Sie eine Stoppuhr auf eine oder zwei Minuten, je nachdem, wie viele Hunde mitspielen. Die Hunde gehen abwechselnd nach vorne, nehmen eine Socke und bringen sie zu ihrer Partnerin zurück, dann ist der nächste Hund dran. Wenn die Zeit abgelaufen ist, wird der Punktestand gezählt: ein Punkt für jede Socke, fünf Extrapunkte für ein übereinstimmendes Paar Socken.

Spielvarianten

Beziehen Sie Hunde, die nicht apportieren, mit ein, indem ihre Menschen mit ihnen nach vorne gehen, eine Socke unter das Halsband oder Geschirr des Hundes stecken und sie auf diese Weise zurückbringen lassen. Manche Hunde sind sehr engagiert, was das Apportieren angeht und wollen mehr als eine Socke schnappen, wenn sie an der Reihe sind. Wahrscheinlich kennen Sie einen solchen Hund! Entscheiden Sie im Voraus, ob der Hund für die zusätzlichen Socken belohnt oder ob ihm für seine Gier Punkte abgezogen werden.

Volkstanz

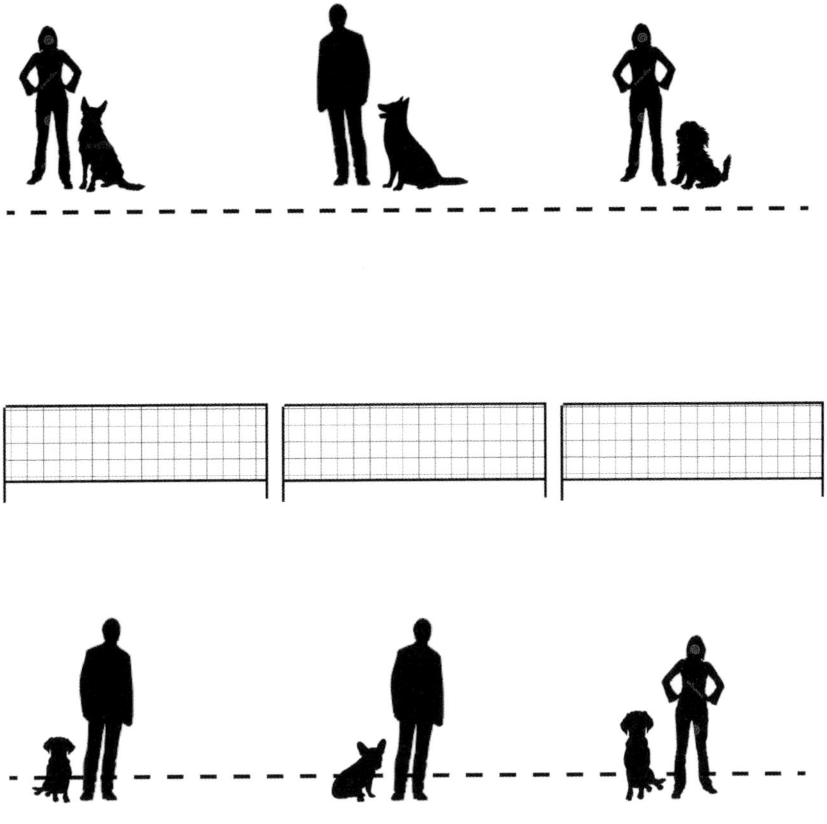

Voraussetzungen und Vorteile

Hunde brauchen ein gewisses Maß an Aufmerksamkeit gegenüber ihren Partnern, um Ablenkungen zu ignorieren, die während des Spiels auftreten. In diesem Spiel üben die Hunde, ruhig zu bleiben, während andere sich in unmittelbarer Nähe bewegen.

Aufbau

Bereiten Sie zwei parallele Linien im Abstand von ca. sechs Metern vor und markieren Sie eine doppelte Mittellinie, sodass in der Mitte ein Abstands-Puffer von etwa zwei Metern bleibt, da sich die Hunde von frontal nähern werden. Noch besser ist es, wenn die Mittellinie eine durchsichtige physische Barriere ist – eine Reihe von Stühlen reicht aus, wenn Sie keine anderen Barrieren zur Hand haben. Bringen Sie an den Linien Platz-Marker an, damit jedes Paar ein anderes Paar direkt gegenüber hat. Legen Sie lebhafte Musik auf und die SL sagt die Schritte an.

Beschreibung

Es gibt viele Tänze, die für Gruppen von Menschen und ihren Hunden angepasst werden können. Mit diesem Spiel können Sie eine große Anzahl von Spielern gleichzeitig beschäftigen. Country-Tänze eignen sich gut für Hunde. Im Folgenden liste ich die einfachsten Tanzschritte auf – seien Sie kreativ und denken sich Ihre eigenen aus!

Zehen Tippen Rechts (Links): Der Hund sitzt (liegt) an der Seite seiner Partnerin, während diese mit der rechten (linken) Zehe im Takt klopft.

Drei Schritte vorwärts, Kehrtwende zurück: Die Partnerin geht zur Mitte, dreht sich zum Hund, kehrt zur Grundlinie zurück und wendet sich der Mitte zu.

Flugzeug links (rechts): Der Hund sitzt, während die Partnerin beide Arme als Flügel ausstreckt und den Hund mit dem linken (rechten) Arm über dessen Kopf umkreist. (Ja, das ist auch an der Leine möglich.) Alternativ: Hunde liegen im Platz.

Vorwärts und zurück: Drei Schritte vorwärts, schnell rückwärts zurück zur Startlinie, Hund in den Vorsitz rufen.

Hund an der Seite: Hund kehrt aus dem Vorsitz an die Seite seiner Partnerin zurück.

Anspruchsvollere Tanzschritte für passende Hunde – entfernen Sie die Barriere:

Aneinander vorbei: Die Teams gehen an der Mittellinie aneinander vorbei und nehmen auf der gegenüberliegenden Seite eine neue Startposition ein.

Schwingen Sie Ihren Partner: Gehen Sie mit Bedacht zur Mitte, haken Sie den rechten Arm bei der anderen Person ein und schwingen Sie sich gegenseitig um 180 Grad, gehen Sie auseinander und jedes Paar geht wieder zurück zu seiner Startlinie.

Eine Coaching-Gelegenheit

Erklären und demonstrieren Sie einen Schritt. Üben Sie ihn ohne Musik, damit man Sie gut hören kann, und wiederholen Sie ihn dann mit Musik. Wenn dieser Schritt gut funktioniert, bringen Sie einen weiteren bei. Hinweis: Wenn die Schritte erfordern, dass sich die Hunde frontal nähern, sorgen Sie für viel Platz und eine Barriere in der Mitte. Wenn die Spieler anfangen zu tanzen, vergessen sie vielleicht, auf andere aufzupassen.

Mit diesem Spiel können Sie erklären, wie man Verhaltensketten rückwärts aufbaut (Back Chaining): Bringen Sie einen Schritt bei, bis er flüssig klappt, den Tänzern leichtfällt und Spaß macht. Fügen Sie einen neuen Schritt hinzu, der *vor* dem ursprünglichen, vertrauten Schritt getanzt wird. Die Konzentration auf den neuen Schritt wird durch den Spaß, den der alte, einfache Schritt macht, verstärkt.

Erklären Sie bei dieser Gelegenheit, dass die Hunde sich vielleicht näherkommen, als ihre Partner vorher angenommen haben. Werden die Hunde mit dieser Situation zurechtkommen? Wenn nicht, welche Sicherheitsmaßnahmen können ergriffen werden?

Geldübergabe

Voraussetzungen und Vorteile

Dieses Spiel ist für Hunde geeignet, die gerne mit Spielzeug spielen. Es regt die Menschen an, um die Ecke zu denken.

Aufbau

Wählen Sie ein Stofftier, das für alle Hunde die richtige Größe hat oder machen Sie ein Team mit kleinen Hunden und ein Team mit großen Hunden und nehmen ein jeweils zur Größe passendes Spielzeug.

Beschreibung

Die Hunde bringen das Spielzeug abwechselnd von der Startlinie zur Ziellinie. Sie können es tragen, schleppen, an sich haben oder an einer Schnur ziehen. Alles ist erlaubt, nur nicht, dass die Partner das Spielzeug für sie tragen. Die Aufgabe der Partner ist es, das Spielzeug an das nächste Paar im eigenen Team zurückzuwerfen, das an der Startlinie wartet.

Spielvarianten

Eine etwas hektischere Variante wäre, einen ovalen Parcours zu entwerfen und die Hunde sich wieder am Startpunkt treffen zu lassen, wo sie das Spielzeug an den nächsten Hund im Team weitergeben.

Hunde-Feuerwehr

Voraussetzungen und Vorteile

Hunde sollten so viel Selbstvertrauen haben, dass sie sich ruhig mitten im Geschehen bewegen können. Hunde-Feuerwehr hilft, eine vertrauensvolle Beziehung zwischen den Partnern aufzubauen.

Aufbau

Legen Sie für jedes Team einen Start- und einen Zielpunkt fest. Fertigen Sie zwei Plakate an, auf denen Hundehütten in Flammen abgebildet sind, und platzieren Sie diese an den Zielpunkten. Die Flammen könnten zum Beispiel aus rotem Seidenpapier sein. Stellen Sie neben jedes Plakat einen Plastikkrug. Sie benötigen mehrere gleich große Plastikbecher. Sorgen Sie für zusätzlichen Spaß, indem Sie Spielzeug-Feuerwehrmützen und Sirenengeräusche bereitstellen.

Beschreibung

Dies ist ein Outdoor-Spiel für heiße Tage. Teilen Sie die Teilnehmer in zwei Teams ein. Das Ziel ist es, das Feuer zu löschen, indem man das Wasser in den Krug neben dem brennenden Haus schüttet. Das Feuer ist „gelöscht", wenn der Krug voll Wasser ist oder wenn die Zeit abgelaufen ist (nach Wahl der SL). Jedes Paar erhält einen Plastikbecher, um Wasser zu transportieren. Die Spielerin sagt der SL, wie viel Wasser sie in den Becher füllen soll. Die meisten Menschen wollen, dass der Becher voll ist, was nicht immer die beste Idee ist. Denn der Becher mit dem Wasser muss in derselben Hand wie die Leine gehalten werden, während mit dem Hund zum Haus des eigenen Teams gelaufen und das Wasser in den Krug gefüllt wird. Wenn dieses Paar zurück zur Startlinie kommt, ist das nächste Paar im Team an der Reihe. So geht es weiter, bis ein Team seinen Krug gefüllt hat und das Feuer gelöscht ist.

Spielvarianten

Eine bessere, zeitsparende Idee: Das Feuer ist aus und das Spiel zu Ende, wenn eine bestimmte Zeitspanne verstrichen ist (eventuell so, dass jeder Spieler mehr als einmal an der Reihe ist). Eine andere, kürzere Variante: Das Feuer ist gelöscht, wenn jedes Teammitglied einmal dran war. Bei beiden Varianten muss das Wasser in den Krügen verglichen werden, um festzustellen, welches Team gewonnen hat. Das Spiel kann anspruchsvoller gestaltet werden, indem die Feuerwehrfrau auf dem Weg zum Feuer Hindernissen ausweichen muss.

Eine Coaching-Gelegenheit

Dies ist eine gute Gelegenheit, die Vorteile des Planens vor dem Handeln zu besprechen. Ein voller Becher Wasser ist zum Beispiel nicht immer der beste oder schnellste Weg, dieses Problem zu lösen. Was ist mit dem Hund? Wie wird er reagieren, wenn ihm Wasser auf den Kopf geschüttet wird? Wird ihn die Sirene stören?

Kettensprengen

Voraussetzungen und Vorteile

Der Hund sollte Erfahrung mit den Verhaltensweisen „Bleiben" und „Rückruf" haben. Das Spiel fördert die Aufmerksamkeit und die Motivation des Hundes, wieder zu seinem Partner zu kommen.

Aufbau

Legen Sie eine Start- und eine Ziellinie fest, die dem Niveau der Spieler entspricht.

Beschreibung

Alle Partner stellen sich an der Startlinie auf. Die Person des ersten Paares lässt ihren Hund warten und nimmt die Leine mit. Eventuell brauchen Sie lange Leinen. Die Person ruft dann ihren Hund, der Hund kommt und setzt sich bei seinem Menschen und wird angeleint. Dann ist das nächste Paar an der Reihe. Eine SLA ist dabei, um die allein bleibenden Hunde zu beaufsichtigen.

Spielvarianten

Dieses Spiel eignet sich nur dann für das gleichzeitige Spielen im Team, wenn ein angemessener Abstand vorhanden ist und die Persönlichkeiten der Hunde dazu passen. Sie mögen den Wettstreit? Spielen Sie in Teams gegen die Zeit. Das gegnerische Team kann für Ablenkungen sorgen. Angemessene Regeln für Ablenkungen sollten im Voraus festgelegt werden – zum Beispiel dürfen ablenkende Personen die Seitenlinie nicht verlassen, die Hunde nicht berühren, kein Futter oder Spielzeug werfen. Die SL stellt sicher, dass jeder Hund seinen Partner erfolgreich erreicht und dafür angemessen belohnt wird.

Bei einer fortgeschrittenen Version stellen sich alle Hunde gemeinsam an der Startlinie auf, während die Menschen an der Ziellinie aufgereiht sind. Die Menschen rufen ihre Hunde einen nach dem anderen.

Eine Coaching-Gelegenheit

Vielleicht möchten Sie vor dem Spiel einige Aufmerksamkeitsübungen machen. Hinweis: Die wartenden Hunde müssen bleiben, während sie einen anderen Hund rennen sehen. Die Hunde werden nicht alle gleichzeitig gerufen!

Reise nach Jerusalem

Voraussetzungen und Vorteile

Mit diesem Spiel üben Hunde eine Kombination aus Laufen an der Leine und stationären Übungen auf Distanz. Reise nach Jerusalem ist für Hunde geeignet, die ein angemessenes Maß an Vertrauen haben, wenn sie allein gelassen werden.

Aufbau

Ein ovaler oder runder Laufweg wird auf dem Boden markiert. Die Stühle werden in der Mitte dieses Bereichs mit Blick nach außen gruppiert. Versuchen Sie, alle Stühle in gleichem Abstand zum Laufweg aufzustellen. Eine SLA muss sich bereithalten, die Stühle zu arrangieren und Musik abzuspielen.

Beschreibung

Ich beginne die ersten paar Runden gerne damit, dass für jeden Spieler ein Stuhl zur Verfügung steht. Sobald sich alle mit der Übung wohlfühlen, fange ich an, nach jeder Runde einen Stuhl zu entfernen, sodass es einen Stuhl weniger gibt, als Paare anwesend sind.

Wenn eine SLA die Musik startet, gehen die Teilnehmer mit ihren Hunden um das Spielfeld herum. Wenn die Musik in willkürlichen Abständen stoppt, ruft die SL eine Position aus und die Hunde bleiben auf dem Laufweg, während ihre Menschen sich auf einen Stuhl setzen. Rennen ist nicht erlaubt! Hunde, die sich in den verbotenen Bereich schleichen oder ihre Position verlassen, machen es notwendig, dass ihr Partner aufsteht und zu seinem Hund geht, um ihm zu helfen, seine Position wieder einzunehmen. Während dieser Zeit kann die Person, die „draußen" war (das heißt, nicht rechtzeitig zu einem Stuhl gekommen ist), ihren Hund warten lassen und den leer gewordenen Stuhl übernehmen. Wenn die Musik wieder ertönt, gehen die Personen zu ihren Hunden und laufen weiter. Während dieser Zeit entfernt eine SLA einen Stuhl. Wenn die Musik das nächste Mal stoppt, steht wieder eine Person ohne Stuhl da. Während dieses Paar normalerweise „draußen" wäre, lasse ich es gerne weiterspielen, indem es mit der Gruppe weitergeht, es aber nicht mehr nach einem Stuhl suchen darf. Sie machen ihre Warte-Übung gemeinsam auf dem Laufweg. Sie brauchen diese zusätzliche Übung auf einem einfacheren Level, damit sie Erfolg haben! Üblicherweise wird das Spiel fortgesetzt, bis zwei Paare um den einen verbleibenden Stuhl wetteifern. Keine gute Idee! Seit Jahren beenden wir Reise nach Jerusalem mit zwei verbleibenden Stühlen, was zu zwei Gewinnern und weniger Chaos führt. Wir haben diese Regel eingeführt, nachdem wir einmal gebrochene Beine hatten! Zwei Leute, die rücksichtslos um die Wette rannten, kollidierten gleichzeitig mit dem einen verbleibenden Stuhl und brachen drei Stuhlbeine.

Spielvarianten

Wenn Sie keine Stühle haben, verwenden Sie aus Pappe ausgeschnittene Fußabdrücke, auf die der menschliche Partner einen Fuß stellen kann. Vorsicht! Papier kann auf glatten Böden gefährlich werden. Auch Hula-Hoop-Reifen funktionieren gut, besonders im Freien.

Hula-Hoop-Reise: Legen Sie Hula-Hoop-Reifen in die Mitte, statt Stühle. Wenn die Musik stoppt, bleiben die Hunde in einem Reifen, während ihre Partner auf den Laufweg zurückkehren. Fortgeschrittene Version: Wenn die Menschen zum Laufweg zurückkehren, sollen sie ohne ihre Hunde herumlaufen. Die Hunde warten geduldig in den Reifen, bis die Musik wieder beginnt und ihre Partnerinnen zu ihnen zurückkehren.

Eine Coaching-Gelegenheit

Die eine oder andere Person könnte dazu neigen, ihre leistungsschwächeren Hunde immer wieder anzuspornen, um mit den anderen mithalten zu können. Beobachten Sie das Wohlbefinden der Hunde. Greifen Sie schnell ein und ändern Sie die Spielregeln dahingehend (siehe oben), dass sie erfolgreich sein können.

Ins Schwarze treffen

Dieses Spiel funktioniert am besten mit Hunden, die das Abliegen auf Distanz kennen. Auf unterhaltsame Weise kann das „Not-Platz", das Platz aus der Bewegung beim Rückruf, geübt werden.

Aufbau

Sie benötigen eine Start- und eine Ziellinie. Bilden Sie in der Mitte der beiden einen Kreis (die Zielscheibe) mit einem Durchmesser von etwa einem Meter. Dies kann ein Teppich, ein Kreis aus Klebeband oder sogar ein Hula-Hoop-Reifen sein. Was auch immer Sie verwenden, stellen Sie sicher, dass es rutschfest ist.

Beschreibung

Der Hund wartet an der Startlinie, bis seine Partnerin die Ziellinie erreicht hat. Er wird dann über die Zielscheibe gerufen und das Platz-Signal so gegeben, damit der Hund (hoffentlich) genau auf der Zielscheibe landet. Es gibt fünf Punkte, wenn der gesamte Körper des Hundes im Kreis ist, vier Punkte, wenn ein Teil des Körpers des Hundes im Kreis ist, drei Punkte, wenn der Hund innerhalb einer Körperlänge von der Zielscheibe liegt, zwei Punkte, wenn er sich überhaupt hingelegt hat, und einen wichtigen Punkt, wenn er zumindest auf Zuruf gekommen ist.

Eine Coaching-Gelegenheit

Die Fähigkeit, sich in jeder Situation schnell auf Signal hinzulegen, ist äußerst nützlich, wenn nicht sogar potenziell lebensrettend für Hunde. Sprechen Sie über die Möglichkeit von vergifteten Platz-Signalen. Zum Beispiel, wenn eine Person ihren Hund dafür lobt, dass er sich auf das Signal „Platz" hinlegt. Wenn dieselbe Person dem Hund das Signal „Platz" gibt, um ihn dann zu schimpfen und ihm Müll aus dem Maul nimmt, ist das Signal „Platz" dann mit einem guten oder einem schlechten Erlebnis verbunden? Wenn beides der Fall ist, haben wir möglicherweise eine verfahrene Situation und ein konfliktbeladenes Signal.

BRING DAS BAGUETTE

Voraussetzungen und Vorteile

Hunde, die schon gut apportieren, können in diesem Spiel angesichts der Verlockung, das Brot zu fressen, auf die Zuverlässigkeit ihres Apports getestet werden!

Aufbau

Die meisten Geschäfte bieten altes Brot vergünstigt an. Besorgen Sie sich einige alte Baguettes und vielleicht einige Brotstangen für kleinere Hunde. Sie benötigen für jedes Team einen Brotkorb. Das Spiel wird simultan mit zwei oder drei Teams auf einmal durchgeführt. Für jedes Team wird ein Baguette auf eine Markierung gelegt. Die Startlinie ist etwa vier bis fünf Meter vom Baguette entfernt.

Beschreibung

Der erste Hund jedes Paares wird losgeschickt, um sein Baguette zu apportieren. Schafft er es mit dem Brot oder einem Teil davon zurück, wird es in den Brotkorb seines Teams an einen sicheren Ort gelegt. Jeder Hund bekommt sein eigenes neues Baguette, wenn er an der Reihe ist. Wenn alle fertig sind, legen Sie die Baguettes für jedes Team in einer Reihe aus, die längste gewinnt. Geben Sie das Brot Ihren Teilnehmerinnen als Vogelfutter mit nach Hause.

Eine Coaching-Gelegenheit

Besprechen Sie mit Ihren Spielerinnen die Problematik mit zweideutigen Signalen. Bitten Sie Ihre Teilnehmerinnen, im Stillen für sich selbst zu beantworten, ob sie „Aus" sagen, wenn sie möchten, dass ihr Hund aufhört zu bellen oder im Blumenbeet zu buddeln, und nicht nur, wenn er etwas hergeben soll. Dies könnte einen „Aha"-Moment in Bezug auf mehrdeutig verwendete Signale auslösen. „Es ist am besten, in Schwarz und Weiß zu kommunizieren, anstatt in Grautönen."

Golf spielen

Voraussetzungen und Vorteile

Hunde, die schon etwas Erfahrung mit dem Abrufen haben, können mit diesem Spiel ihre Fähigkeiten ausbauen.

Aufbau

Markieren Sie eine Start- und eine Ziellinie – so weit auseinander, wie Sie das Kommen üben möchten. Legen Sie zwischen den beiden Linien die üblichen Elemente eines Golfplatzes an. Mehrere „Wasserhindernisse" könnten aus mit Wasser gefüllten Hundenäpfen gebildet werden. Der Hund könnte in einer „Sandfalle" gefangen sein – bringen Sie ein Katzenklo mit. Verteilen Sie ein paar Handvoll Gras auf dem Boden für „das Grün". Topfpflanzen, ein paar Stofftiere und ein Tablett voller Tennisbälle können das „Rough" (hoch geschnittene Grasfläche auf dem Golfplatz) bilden.

Beschreibung

Sie würden lieber golfen als Ihren Hund zu trainieren? Kein Problem! Lassen Sie uns am Rückruf arbeiten und gleichzeitig Golf spielen. Die erste Person lässt ihren Hund hinter der Startlinie zurück, geht über den Golfplatz zur Ziellinie und ruft ihren Hund. Wenn der Hund auf einen Ruf direkt kommt, ohne durch etwas abgelenkt zu werden, ist es ein Hole-in-one, ein Ass.

Spielvarianten

Sie mögen den Wettstreit? Der niedrigste Punktestand gewinnt, ein Hole-in-one ist also ein Punkt. Jeder Golfschlag bringt einen zusätzlichen Punkt. Signale sollten auf ein Minimum reduziert werden, sodass ein zusätzlicher Ruf, ein Signal, ein Kopfnicken oder alles, was als zusätzliche Hilfe angesehen wird, jeweils einen weiteren Punkt bringt. Geht der Hund zu einer Ablenkung, ist das ein weiterer Punkt. Wenn die teilnehmenden Hunde unterschiedliche Leistungsstufen haben, verwenden Sie das Handicap-System oder unterschiedliche Regeln für verschiedene Spieler.

Eine Coaching-Gelegenheit

Helfen Sie den Spielern bei einer Vor- oder Nachbereitungseinheit, eine Aufgabenanalyse durchzuführen und die Übung in Teilschritte zu zerlegen. Planen Sie zwei oder drei Mini-Rückrufe, indem Sie nur einen Teil des Parcours durchlaufen und die kniffligen Bereiche meiden oder planen Sie den kniffligen Bereich als Ziel für den ersten Teil des Rückrufs, um dem Partner etwas mehr Kontrolle über die Ablenkung zu geben. Die Trainerin kann ihren Hund wieder sitzen lassen und zu einer anderen Stelle weitergehen, um schließlich den Weg zum Ziel komplett zurückzulegen. Besprechen Sie die Vorteile von reduzierten Signalen. Ein Beispiel ist, dass der Hund übertriebene Körpersprache als das Signal annimmt. Die Körperbewegung könnte so das verbale Signal überschatten und es schwächen.

Dogzilla schlägt wieder zu!

Voraussetzungen und Vorteile

Dieses Spiel bietet die Möglichkeit, zu prüfen, wie gut Signale auf Distanz bereits funktionieren sowie um die Ecke zu denken. Es ist eines meiner liebsten Spiele zum Denken außerhalb gewohnter Muster. Nachdem ich es ursprünglich für meine Schüler in Japan entwickelt hatte, habe ich es auf der ganzen Welt gespielt – und die Leute lieben es. Ich hoffe, Sie genießen es – die Hunde tun es immer!

Aufbau

Dieses Spiel erfordert ein wenig Planung und Vorarbeit. Um die Wolkenkratzer Tokios nachzubilden, sammeln Sie etwa zehn schmale, hohe Pappschachteln von unterschiedlicher Höhe, etwa 10 bis 20 Zentimeter hoch. Flaschenkartons und Müslischachteln sind eine gute Größe. Wickeln Sie sie in einfaches Papier, wenn Sie Zeit haben. Zeichnen Sie mit einem ungiftigen Marker Fenster und Türen auf die Kartons, damit sie wie Bürogebäude aussehen. Alternativ können Sie auch Fotos von Bürogebäuden aus dem Internet ausdrucken und auf die Seiten der Schachteln kleben. Ich mag es, die Gebäude mit großen Schildern von japanischen Unternehmen zu verschönern: Honda, Asahi, Mitsubishi, Nintendo, Suzuki, Takashimaya ... Sie finden die Firmenlogos im Internet. Normalerweise zeichne ich den Tokyo Tower auf einen großen Karton, da dieser ein Lieblingsort von Godzilla war. Vielleicht betrachten Sie dieses Kunstprojekt als Zeitverschwendung, da Ihre Gebäude wahrscheinlich das Spiel nicht überstehen werden. Basteln Sie ruhig ein paar zusätzliche Gebäude. Für eine reisefreundliche Variante bemalen Sie extra dicke Papiertüten. Sie bleiben aufrecht, wenn Sie eine Tüte verkehrtherum in eine andere stecken, so sind beide Enden stabil und man kann die Gebäude leicht abbauen und für das nächste Mal aufbewahren.

Markieren Sie die Stadtgrenzen von Tokio mit Klebeband – ein Quadrat von etwa sechs mal sechs Metern – und errichten Sie die Gebäude innerhalb der Stadtgrenzen. Sie brauchen ein Zeitmessgerät und den Soundtrack eines Godzilla-Films. Seien Sie vorsichtig – ich habe einmal ein paar Hunde erschreckt, weil mein erster Soundtrack schreiende Menschen enthielt.

Beschreibung

Ziel ist, dass die Spieler abwechselnd ihre Hunde zu Godzilla werden lassen und Tokio plattmachen – genau wie in den Filmen. Die Gebäude sollen umgeworfen oder aus dem Stadtgebiet entfernt werden. Menschen dürfen die Stadtgrenzen von Tokio (die Begrenzungslinien) nicht überschreiten. Jedes Paar hat 30 Sekunden Zeit, um zu versuchen, so viele Gebäude wie möglich umzustoßen oder zu entfernen. Die Regeln ändern sich nach jedem Zug des Paares. Wenn zum Beispiel der erste Hund eine Kiste umgeworfen hat, weil sein Partner Futter darauf geworfen hat, lauten die Regeln für alle nachfolgenden Spieler nun: 1) Menschen bleiben außerhalb der Stadtgrenzen und

2) es darf kein Futter verwendet werden. Vielleicht nimmt das nächste Paar ein paar Kisten durch Apportieren heraus. Fügen Sie Apportieren zur Liste der nicht mehr erlaubten Verhaltensweisen für alle nachfolgenden Spieler hinzu. Die SL beaufsichtigt sorgfältig, damit alle Versuche vernünftig und ungefährlich sind. Ja, es wird zunehmend schwieriger, kreativ zu sein, während man das Problem innerhalb der bestehenden Regeln angeht. Eine SLA kann zwischen den Spielrunden umgestürzte Gebäude aufstellen und unbrauchbar gewordene ersetzen.

Spielvarianten

Stellen Sie einige batteriebetriebene Drück-Lichter innerhalb der Stadtgrenzen auf. Geben Sie dem Hund neben der Zerstörung von Tokio auch einen Punkt für jedes Licht, das er ausschaltet.

Eine Coaching-Gelegenheit

Diskutieren Sie am Ende des Spiels verschiedene Ideen, wie man einem Hund das Ausschalten eines Drück-Lichts beibringen kann.

Hütchenspiel

Voraussetzungen und Vorteile

Bei diesem Spiel kann jeder Hund seine Suchfähigkeiten einsetzen! Es ist eine gute Gelegenheit für die Menschen, Hundeverhalten zu beobachten.

Aufbau

Sie benötigen drei Plastikschalen (die „Hütchen") und einige Leckerli. Stellen Sie die Schalen mit der Unterseite nach oben auf den Boden. Die Idee ist, ein Leckerli unter einer Schale zu verstecken, die Schalen durcheinander zu schieben und den Hund die Schale mit dem Leckerli finden zu lassen. Weisen Sie darauf hin, dass Hunde sich stark auf ihren Geruchssinn verlassen, um ihre Umgebung zu erkunden und zu bewerten. Sprechen Sie darüber, dass durch das Herumschieben der Schalen auch das Futter über die gesamte Bodenoberfläche rutscht, wodurch sich der Geruch verbreitet und der Bereich mit Futterresten kontaminiert wird. Hunde sind schlau; sie können lernen, die Quelle des Geruchs aufzusuchen. Wenn Sie möchten, können Sie das Futter im Napf festkleben, damit es nicht direkt mit dem Boden in Berührung kommt. Noch einfacher ist es, etwas Klebriges, wie Erdnussbutter in die Schale zu schmieren. Als Belohnung für das Finden können Sie die Schale umdrehen und dem Hund erlauben, die Erdnussbutter abzuschlecken.

Beschreibung

Während der Hund zuschaut, legt die Spielleiterin das Leckerli unter eine Schale und verschiebt dann die Schalen. Dann beschnüffelt der Hund die drei umgedrehten Schalen, um diejenige mit dem Leckerli zu finden. Wir verlangen keine bestimmte Anzeige, jeder Hund wird es auf seine eigene Art und Weise deutlich machen.

Spielvarianten

Es ist wahrscheinlich am besten, ein Zeitlimit zu setzen, um Frustration zu reduzieren. Wenn der Hund das Leckerli nicht innerhalb von zehn Sekunden findet, zeigen und geben Sie es ihm!

Eine Coaching-Gelegenheit

Sie könnten die Teilnehmer auf Kurse speziell zur Nasenarbeit aufmerksam machen.

Scrabble

Hunde, die schon etwas apportieren können, können mit diesem Spiel ihre Fähigkeiten verbessern.

Aufbau

Teilen Sie die Spieler in Teams ein. Verteilen Sie einen Satz großer Buchstabenklötze etwa drei Meter vor jedem Team. Besorgen Sie Klötze, die groß genug sind, damit Hunde sie nicht herunterschlucken können. In Spielwarenläden können Sie riesige Plastikklötze finden. Halten Sie zur Überprüfung der Rechtschreibung ein Mobiltelefon bereit!

Beschreibung

Scrabble ist eine gute Deutschstunde für die Menschen und eine Apportierübung für die Hunde. Jeder Hund im Team wird der Reihe nach zum Apportieren geschickt. Das Team, das aus den gesammelten Buchstaben das längste Wort bilden kann, gewinnt.

Spielvarianten

Markieren Sie die Buchstaben mit Werten, genau wie beim originalen Scrabble-Spiel! Wählen Sie ein paar schwierige Buchstaben wie Q, Z, V und X aus und geben Sie Extrapunkte für die Verwendung dieser Buchstaben.

Eine Coaching-Gelegenheit

Machen Sie eine kurze Gruppenübung zum Aufwärmen mit ein paar kurzen Apportieraufgaben. Loben Sie die Hunde für das höfliche Ausgeben der Buchstabenklötze.

Flaschendrehen

Voraussetzungen und Vorteile

Ein Bastelspiel zum Selbermachen, mit dem Target-Verhalten und Signalunterscheidung trainiert werden. Das Spielzeug kann während der Kursstunde gebastelt und die Übung gestartet werden. Die Teams können es dann mit einer Anleitung nach Hause nehmen, um das Spiel zu perfektionieren.

Aufbau

Sie benötigen ein paar durchsichtige, leere und trockene PET-Getränkeflaschen mit einer Öffnung, die weit genug ist, um Leckerli einzufüllen. Außerdem brauchen Sie ein paar Holzstäbe sowie eine Schere und Trockenfutter.

Beschreibung

Zeigen Sie den Teilnehmern, wie sie aus Recyclingmaterial ein Hundespielzeug herstellen können. Entsorgen Sie den Flaschendeckel, das Etikett und den Plastikring um den Flaschenhals. Stanzen Sie entsprechende Löcher auf beiden Seiten der Flasche, durch die Sie einen Holzstab stecken. Der Stab sollte so lang sein, dass Sie ihn auf beiden Seiten bequem greifen können (siehe Abbildung). Probieren Sie aus, ob die Flasche sich dreht, wenn Sie sie anstupsen. Wenn nicht, müssen die Löcher eventuell vergrößert werden. Die Person sollte sich hinsetzen und die Flasche an den beiden Griffen vor dem Hund auf Nasenhöhe halten. Lassen Sie den Hund zusehen, wie sein Partner Trockenfutter in den oberen Teil der Flasche fallen lässt. Ermutigen Sie den Hund, zu versuchen, das Futter selbst herauszubekommen. Manche Hunde benutzen ihre Nase, andere ihre Pfoten, um die Flasche zu drehen.

Eine Coaching-Gelegenheit

Besprechen Sie mit Ihren Teilnehmern Kriterien-Auswahl und deren Verstärkung – Sie könnten zum Beispiel nur die Verwendung der Pfote oder nur die Verwendung der Nase verstärken. Sie können die Drehung der Flasche kontrollieren, indem Sie mit den Handseiten gegen die Flasche drücken, damit die Belohnung zum richtigen Zeitpunkt erfolgt.

Achtung: Das Flaschenspielzeug muss so aufbewahrt werden, dass der Hund es nicht erreichen kann. Er könnte es kaputt machen und sich vielleicht an dem scharfen Plastik oder dem Stab verletzen. Es ist nur zum gemeinsamen Spielen gedacht und nicht, um es dem Hund allein zu überlassen.

Zehn Chancen

Voraussetzungen und Vorteile

Hunde mit einem großen Repertoire an Verhaltensweisen können auf Distanz zu ihren Partnern trainieren. Die Menschen werden sich der Bedeutung der Latenzzeit bewusst – eine sofortige Reaktion auf ein Signal ist beim Spiel „Zehn Chancen" von Vorteil.

Aufbau

Markieren Sie Start- und Ziellinie in einem Abstand von etwa sechs Metern.

Beschreibung

Der Hund bleibt auf einer Linie sitzen, sein Partner steht hinter der anderen. Er muss seinen Hund von der Startlinie bis zu sich bringen, indem er ihm genau zehn verschiedene Signale gibt. Elf Signale zählen nicht, auch nicht neun. Es müssen zehn sein! Eine SLA ist dazu da, Signale zu zählen und den Teilnehmer ansonsten zu coachen, damit er sich an die Regeln hält. Die Signale können verbale oder Handsignale sein, aber das Signal darf nur einmal gegeben werden. Selbst wenn der Hund nicht richtig oder gar nicht reagiert, zählt dieses Signal trotzdem zu den zehn erlaubten Signalen. Bevor die Person das Signal gibt, kündigt sie an, welches Verhalten von ihrem Hund erwartet wird. Dies ist vor allem dann wichtig, wenn Sie einen Wettbewerb veranstalten und Punkte zählen. Das zehnte Signal muss den Hund mit mindestens einer seiner Pfoten über die Ziellinie bringen. Ein typischer Ablauf könnte folgendermaßen aussehen: Hund steht an der Startlinie, Besitzer sagt (1) Platz, (2) Rolle, (3) Komm, (4) Sitz, (5) Steh, (6) Dreh Dich, (7) Bleib, (8) Bellen, (9) Verbeugen und (10) Target.

Spielvarianten

Spielen Sie zum Spaß und um zu sehen, wie der Hund auf die Signale reagiert. Wenn es die Zeit erlaubt, lassen Sie Wiederholungen zu. Alternativ kann ein Zeit- und/oder Punktesystem für die Punktevergabe eingeführt werden.

Eine Coaching-Gelegenheit

Ich führe gerne eine kurze Diskussion vor diesem Spiel und gebe Beispiele für mögliche Strategien, die dem Hund zum Erfolg verhelfen. Sie könnten die Spieler fragen, was ihr Plan ist, wenn der Hund früher als erwartet in die Nähe der Ziellinie kommt.

Tunnel der Liebe

Voraussetzungen und Vorteile

Dies ist ein Spiel für Hunde, die gut sozialisiert sind und Erfahrung mit den Grundsignalen haben. Es fördert die Aufmerksamkeit und den Rückruf in der Nähe von anderen Hunden.

Aufbau

Markieren Sie zwei parallele Linien mit viel Platz (3 bis 4,5 Meter) dazwischen. Der Abstand zwischen den Linien hängt von den Hunden ab. Die Gruppe wird in zwei Hälften geteilt, wobei sich jede Hälfte auf einer Linie mit Blick nach innen befindet und die Hunde in Blickrichtung zur gegenüberliegenden Linie sitzen. Legen Sie Markierungen auf die Linien, um sicherzustellen, dass die Teilnehmer einen angemessenen Abstand zueinander einhalten.

Beschreibung

Das Spiel „Tunnel der Liebe" ist zu jeder Zeit lustig, aber als Teil eines Valentinstags hilft es, einen tristen Februar aufzuheitern. Das erste Paar geht durch den Tunnel und nimmt dann eine Position auf einer Markierung am anderen Ende des Tunnels ein, der Hund setzt sich neben seinen Partner. Dann ist das nächste Paar an der Reihe. In regelmäßigen Abständen kann die SL die Spieler auffordern, zu den Markern am Anfang des Tunnels aufzurücken, sonst wird zu viel Platz benötigt. Das Aufstehen bereitet den Hunden auch eine kleine Pause von der Sitzposition.

Spielvarianten

Wenn alle Teilnehmer fortgeschritten und zuverlässig sind und Sie viel Platz zwischen den Linien haben, kann der menschliche Partner seinen Hund am Ende des Tunnels im Sitz warten lassen, alleine durchgehen und dann seinen Hund abrufen. Arbeiten Sie vorher ein wenig mit den Hunden, um sicherzugehen, dass ihre Sozial- und Trainingsfähigkeiten dieser Herausforderung gewachsen sind.

Unabhängig von der Version kann das Paar, das durch den Tunnel geht, sich die zusätzliche Herausforderung wünschen, dass die Zuschauer am Rande leicht mit den Füßen wippen oder leise singen. Dies ist auch eine gute Ablenkung für ihre Hunde!

Eine Coaching-Gelegenheit

Dieses Spiel gibt der SL die Möglichkeit, über den persönlichen Raum, die Rücksichtnahme auf andere und die Impulskontrolle der Hunde zu sprechen. Sie könnten erwähnen, dass sich manche Hunde im Liegen verletzlich fühlen und diese Position daher vermieden werden sollte.

Suchkreis

Voraussetzungen und Vorteile

Hunde, die gerne apportieren, trainieren hier ihre Geschicklichkeit und Geschwindigkeit.

Aufbau

Legen Sie etwa 20 Gegenstände unterschiedlicher Größe, Form und Beschaffenheit in einem sechs Meter großen Kreis aus. Stellen Sie eine Stoppuhr auf 20 Sekunden ein.

Beschreibung

„Bereit? Beginnen Sie." Die Hunde werden einzeln geschickt, um so viele Gegenstände wie möglich in 20 Sekunden zu apportieren. Welches Paar oder Team apportiert die meisten Gegenstände?

Spielvarianten

Die Nase weiß Bescheid: Fordern Sie die Hunde auf, ihre Nasen zu benutzen, indem Sie dies im hohen Gras spielen. Verwenden Sie ein saisonales Thema, indem Sie eine bestimmte Musik und die richtige Auswahl an Gegenständen wählen: Eingepackte Weihnachtspakete, kleine Kürbisse, große Spielzeug-Ostereier, Strandlatschen oder Sandspielzeug sind einige Möglichkeiten. Lassen Sie sich keine Wasserballons aufschwatzen. Wettbewerb gefällig? Schreiben Sie Werte auf die Gegenstände und zählen Sie die Punkte zusammen.

Eine Coaching-Gelegenheit

Ermutigen Sie zur Diskussion: Wenn es in den Teams Leute gibt, deren Hunde nicht apportieren, lassen Sie die anderen ein paar Worte darüber sagen, wie sie ihrem eigenen Hund das Apportieren beigebracht oder ihn dazu ermutigt haben. Die SL kann diese Informationen erläutern und/oder ergänzen. Spielen Sie dann aus Rücksicht auf die Nicht-Apportierer ein anderes Spiel.

Nikolausstrumpf-Staffel

Voraussetzungen und Vorteile

Je nach den Regeln, die Sie aufstellen, kann Apportieren eine nötige Voraussetzung sein.

Aufbau

Teilen Sie Ihre Spieler in Teams ein. Bereiten Sie einen kleinen Filzstrumpf mit einem roten Band für das rote Team und einem grünen Band für das grüne Team vor. Jedes Team hat einen Startpunkt und eine nicht zu weit entfernte Zielmarkierung.

Beschreibung

Beim Grundspiel wird das Band um den Hals des ersten Hundes gebunden, sodass der Strumpf vor der Brust des Hundes herunterhängt. Nacheinander geht jedes Paar an der Leine zu seiner Zielmarkierung und zurück zum

Start, wo das Strumpfhalsband an das nächste Paar in seinem Team weitergegeben wird. Sie könnten vorgeben, dass die Leine kurzgehalten wird, so können die Hunde nicht mit dem Strumpf spielen. Wenn alle Hunde an der Reihe waren, ist das Spiel vorbei. Das Team, das als erstes fertig ist, hat gewonnen.

Spielvarianten

Wettstreit: Halten Sie viele Strümpfe bereit. Anstelle eines Staffellaufs lässt jeder Hund seinen Strumpf am Zielort zurück, wo eine SLA ihn an einen Karton-Kamin befestigt. Wenn die Zeit um ist, zählen Sie die Strümpfe und versammeln sich für ein Foto vor dem Kamin.

Apportieren: Ändern Sie dieses Spiel ein wenig ab. Geben Sie dem grünen Team einen Vorrat an grünen Strümpfen und dem roten Team einen Vorrat an roten Strümpfen anstelle von Schleifenhalsbändern. Die Hunde müssen die Strümpfe von der Startlinie zum Kamin bringen, wo sie von einer SLA aufgehängt werden. Der Hund kann sie in seinem Maul tragen. Ein nicht apportierender Hund kann den Strumpf in sein Halsband oder Geschirr gesteckt bekommen. Vielleicht trägt der Hund den Strumpf an einer Pfote, während er zum Ziel läuft. Dafür eignen sich Filzstrümpfe nicht so gut, aber Baby-Stretch-Socken halten gut an der Pfote.

Komm zurück, mein Bumerang!

Voraussetzungen und Vorteile

Hunde, die das Vertrauen haben, von ihren Partnern weg zu arbeiten, lernen, zu einem Ziel hin und zurück geschickt zu werden.

Aufstellen

Markieren Sie auf dem Boden einen Kreis mit einem Durchmesser von etwa anderthalb Metern und eine Startlinie in etwa drei Metern Entfernung.

Beschreibung

Die Person „wirft" den Bumerang (schickt ihren Hund) in den Kreis. Mindestens eine Pfote muss im Kreis landen. Dann ruft sie ihren Hund so nah zu sich zurück, dass sie sein Halsband oder Geschirr greifen kann.

Spielvarianten

Der Hund kann bei diesem Spiel an einer langen Leine bleiben. Erhöhen Sie den Schwierigkeitsgrad, indem Sie den Kreis kleiner und/oder weiter weg machen.

Eine Coaching-Gelegenheit

Wahrscheinlich wurde den teilnehmenden Hunden noch kein Signal zum „Wegschicken" oder „Zurück" beigebracht. Besprechen Sie vor dem Spiel, wie man diese Verhalten trainieren könnte und machen Sie das vielleicht zur Hausaufgabe. Besprechen Sie auch verschiedene Möglichkeiten, den Hund ohne vorhergehendes Training in den Kreis zu bekommen. Entscheiden Sie, welche Möglichkeiten erlaubt sind. Ideen dafür könnten sein, ein Spielzeug zu werfen oder dem Hund von einem Helfer ein Stück Futter zeigen und in den Kreis legen zu lassen – oder aber das Verhalten mit Hilfe des Clickers und freiem Formen zu erarbeiten.

Den Weihnachtsbaum schmücken

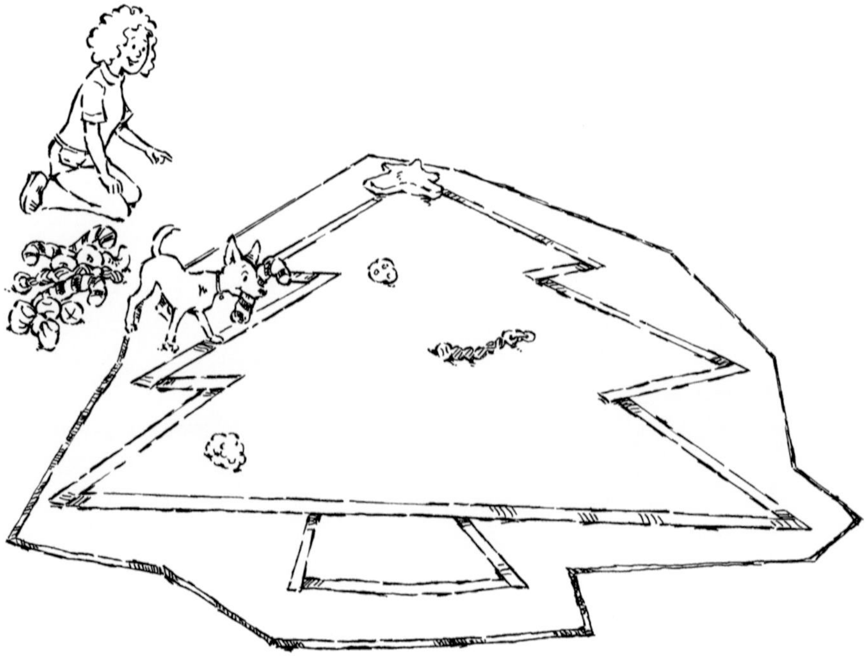

Voraussetzungen und Vorteile

Für apportiererfahrene Hunde und Hunde, die Targets kennen. Kreatives Denken ist seitens des Menschen gefragt. Es gibt mehr als eine Möglichkeit, einen Baum zu schmücken (und trotzdem die Regeln einzuhalten)!

Aufstellen

Zeichnen Sie mit grünem Klebeband den Umriss eines großen Baums (ca. 3,5 Meter lang) auf dem Boden auf. Kleben Sie eine andersfarbige Linie rundum im Abstand von etwa 60 cm um den Baum herum. Bereiten Sie Girlanden, unzerbrechliche Kugeln, große Styropor-Zuckerstangen und große

Schleifen vor. Überprüfen Sie die Gegenstände auf mögliche Sicherheitsrisiken. Für eine Ablenkung nehmen Sie eine sternförmige Plastikschale, geben einen Klecks Erdnussbutter hinein und platzieren Sie sie an der Spitze des Baumes. Legen Sie eine Stoppuhr bereit.

Beschreibung

Der Hund wird aufgefordert, einen Gegenstand von dem zuvor vorbereiteten Stapel Weihnachtsdekoration zu nehmen, den Gegenstand innerhalb des Umrisses des Baumes zu bringen, ihn dort fallen zu lassen und dann zu seinem menschlichen Partner zurückzukehren, der außerhalb der Linie bleiben muss. Der Hund hat 15 Sekunden Zeit, um die Aufgabe zu erfüllen, während Weihnachtsmusik gespielt wird. Wenn die Musik stoppt, ist die Zeit für das Paar abgelaufen. Die Hunde wechseln sich beim Schmücken des Baumes ab.

Spielvarianten

Um die Hunde einzubeziehen, die ein Target kennen, platzieren Sie batteriebetriebene Drück-Lichter im Baum. Die Hunde können die Lichter des Weihnachtsbaums einschalten. (Einzelheiten finden Sie im Drei-gewinnt-Spiel auf Seite 61 f.).

Basketball

Voraussetzungen und Vorteile

Erfahrung im Befolgen von Signalen auf Distanz ist hilfreich – diese Fähigkeit wird in diesem Spiel weiter gestärkt. Der Mensch trainiert seine Problemlösungsfähigkeiten.

Aufbau

Ein Reifen wird auf dem Boden befestigt und eine Startlinie in etwa einem Meter Entfernung markiert. Ein basketballgroßer Ball wird an der Startlinie auf den Boden gelegt. Sie benötigen ein Zeitmessgerät.

Beschreibung

Nacheinander hat jeder Hund 15 Sekunden Zeit, den Ball in oder durch den Reifen zu befördern, während sein Partner hinter der Startlinie bleibt. Wer nach Ablauf der Zeit nicht erfolgreich war, stellt sich hinten an und versucht es erneut.

Spielvarianten

Spiel um Punkte: Einen Punkt, wenn der Ball mindestens einmal einen Teil des Reifens berührt, zwei für einen Ball, der durch den Reifen auf die andere Seite rollt, drei für einen Ball, der im Reifen landet.

Eine Coaching-Gelegenheit

Eine zeitaufwändige Variante – aber die Aha-Erlebnisse, die sie erzeugt, sind es wert. Ich bevorzuge es, „Basketball" als Spiel zum kreativen Problemlösen durchzuführen. Alle schauen zu, wie die Paare es nacheinander versuchen. Wenn der erste Hund einen Korb macht, indem er den Ball mit seiner Nase berührt, lautet die Regel für den nächsten Hund: „Nase kann nicht verwendet werden." Vielleicht wird der nächste Hund aufgefordert, die Rolle zu machen, um den Ball in den Korb zu befördern: Die Regel für alle folgenden Spieler lautet: „Keine Nase oder Rolle". Durch diese Einschränkungen werden neue Ideen zur Lösung alter Probleme angeregt. Albert Einstein: „Die Definition von Wahnsinn ist, die gleiche Sache immer und immer wieder zu tun und andere Ergebnisse zu erwarten."

MÜLLSAMMLUNG

Voraussetzungen und Vorteile

Die Voraussetzungen hängen von den gewählten und auf den Übungskarten aufgeführten Verhaltensweisen ab. Diese sollten auf das Fähigkeitsniveau der Gruppe abgestimmt sein. Dieses Spiel bietet die Gelegenheit für eine aktive Pause mit ein bisschen Nasenarbeit.

Aufbau

Dieses Spiel wird im Freien gespielt. Hundeleckerli zusammen mit Übungskarten in Umschlägen werden vorher im Spielfeld verteilt. Markieren Sie den Suchbereich deutlich, damit sich die Teilnehmer nicht zu weit entfernen.

Beschreibung

Alle gehen an der frischen Luft spazieren, während die Hunde nach den Leckerlis schnüffeln. Die Hunde fressen die Leckerlis, ihre Menschen sammeln die Umschläge ein und heben sie für später auf. Wenn die Gruppe wieder zusammenkommt, wählt jedes Paar eine Übung aus, die es der Gruppe vorführt. Bitten Sie die anderen um einen positiven Kommentar zu den Vorführungen.

Spielvarianten

Sie können die Hunde vorab auf die Idee bringen, die Umschläge zu suchen. Lassen Sie die Hunde an einem Umschlag schnüffeln, aus dem sie dann sofort ein Leckerli erhalten.

Wettkampfversion: Jedes Paar führt alle seine Übungskarten aus, auf denen Punktwerte stehen. Wer auf dem Spaziergang den Hundehaufen eingesammelt hat, bekommt Extrapunkte.

Entspannungsversion: Lassen Sie die Übungskarten weg. Die Hunde suchen nach den Umschlägen und dürfen die Leckerlis fressen.

Eine Coaching-Gelegenheit

Bevor Sie die Paare auf die Suche schicken, sollten Sie mit ihnen ein kurzes Gespräch führen, wie man auf dem Parcours den persönlichen Raum anderer respektiert. Zwei Hunde versuchen, denselben Umschlag zu finden? Einer muss sich abwenden.

Puzzle-Apport

Voraussetzungen und Vorteile

Manche Hunde apportieren mit großer Motivation geworfene Gegenstände. Finden Sie heraus, ob die Hunde auch einen bereits liegenden Gegenstand aufnehmen.

Aufbau

Suchen Sie auf einem Flohmarkt oder im Secondhandladen Holzpuzzle für Vorschulkinder mit extragroßen Teilen. Geben Sie jedes Puzzleteil in einen recycelten Umschlag oder eine kleine Papiertüte, damit die Hunde es gut greifen können und es nicht verschlucken. Sie können auch Ihre vereinsamten Socken verwenden: Knoten Sie jedes Puzzleteil locker in eine Socke. Teilen Sie die Spieler in Teams ein. Sie brauchen Startlinien und Zielmarkierungen. Die verpackten Puzzleteile werden auf einen Haufen gelegt oder an der Zielmarkierung für jedes Team ausgebreitet.

Beschreibung

Die Hunde werden nacheinander aufgefordert, ein Puzzleteil zu apportieren und zu ihren Partnern zurückzubringen, die das Puzzle dann zusammensetzen. Sie können hundelose Zuschauer den Teams zuteilen, damit sie beim Zusammensetzen helfen.

Spielvarianten

Schreiben Sie auf die Rückseite jedes Puzzleteils eine einfache Übung, die der Gruppe bereits bekannt ist, z. B. „Sitz, Zähle bis drei“ oder „Platz, Zähle bis fünf“. Der Hund muss dieses Verhalten ausführen, bevor sein Teil in das Puzzle eingefügt werden kann. Wenn er es nicht beim ersten Versuch schafft, kommt das Teil zurück auf den Stapel.

Eine Coaching-Gelegenheit

Sprechen Sie über die unterschiedliche Motivation beim Apportieren eines geworfenen und eines liegenden Gegenstands.

Was für ein Truthahn!

Voraussetzungen und Vorteile

Die Hunde sollten genügend Vertrauen haben, um sich in einer für sie wahrscheinlich neuen Umgebung kurz hinzulegen. Dies ist eine gute Übung für die Einführung von und/oder den Einsatz von einem Clicker.

Aufbau

Fertigen Sie eine „Bratpfanne" in Hundegröße an: Schneiden Sie einen großen Pappkarton so zu, dass die Seiten nur zwei bis drei Zentimeter hoch sind. Überziehen Sie ihn mit Alufolie oder silberfarbenem Geschenkpapier. Um wertvolle Trainingszeit zu sparen, bilden Sie Teams, jedes mit seiner eigenen Pfanne. Vielleicht ist ein Team „große Pfanne" und ein Team „kleine Pfanne" passend.

Beschreibung

Jeder Hund darf sich abwechselnd in die Bratpfanne legen.

Spielvarianten

Wettbewerb gefällig? Erstellen Sie einen Punkteplan und spielen Sie in Teams: fünf Punkte für ein Hinlegen, vier Punkte für ein Sitz, drei Punkte für ein kurzes Stehen, zwei Punkte für ein Durchgehen, einen Punkt für ein Schnüffeln oder ein Vorbeigehen. Minus fünf für eine straffe Leine. Um die Aufgabe noch anspruchsvoller zu machen, fügen Sie einige große Kartoffeln als Ablenkung hinzu, aber achten Sie darauf, dass die Hunde sie nicht fressen.

Eine Coaching-Gelegenheit

Besprechen Sie die Vor- und Nachteile des Futterlockens. Erklären Sie, wie man den Hund dazu bringt, in die Pfanne zu steigen. Helfen Sie den Teilnehmern, die Übung in geeignete Kriterien zu zerlegen. Diskutieren Sie die Nachteile der körperlichen Manipulation, um den Hund in die Pfanne zu „stopfen“. Machen Sie daraus eine Shapingübung mit dem Clicker.

Apfeltauchen

Voraussetzungen und Vorteile

Grundlegende Apportierfähigkeiten sind erforderlich, die mit diesem Spiel ausgebaut werden können.

Aufbau

Sie benötigen eine große Wanne oder einen kleinen Kinderpool mit Wasser und ein paar kleine Äpfel. Legen Sie außerdem einen großzügigen Vorrat an Handtüchern bereit.

Beschreibung

Die Hunde apportieren abwechselnd einen Apfel und geben ihn ihrem menschlichen Partner. Das kann sehr lustig sein! Manche Hunde versuchen die Äpfel mit den Vorderzähnen am Stiel zu nehmen!

Spielvarianten

Weniger nasse Version: Kein Wasser, nur Äpfel.

Verwenden Sie die Äpfel weiter: Schicken Sie jemanden mit den Äpfeln und diesem Rezept nach Hause. Verwandeln Sie es in einen echten Preis, indem Sie einen günstigen Eiswürfelbehälter dazu geben. Um Hunde-Apfel-Leckerlis zu machen, schneiden Sie vier Äpfel auf und entfernen das Kerngehäuse. Mischen Sie die Stücke mit einer Tasse fettfreiem Naturjoghurt. Wenn der Teig zu dickflüssig ist, fügen Sie der Mischung etwas Wasser hinzu. In Eiswürfelbehälter füllen und einfrieren.

Keine Sauerei: Kein Wasser, keine Äpfel, nur rote Gummibälle in einer Wanne. Einige gierige Hunde werden versuchen, mehrere Bälle auf einmal ins Maul zu bekommen!

Angel-Version: Füllen Sie den mit Wasser gefüllten Pool mit Kongs, in denen sich jeweils ein kleiner Klecks von etwas Leckerem befindet. Die Hunde können abwechselnd angeln gehen. Sie können Augen, Kiemen und Schuppen auf die Kongs malen und sie so in Fische verwandeln.

Glückskeks-Version: Bereiten Sie Papierstücke vor, wie sie in typischen Glückskeksen zu finden sind und rollen Sie ein Papier in jeden Kong. Legen Sie die Kongs in eine trockene Wanne. Die Hunde ziehen abwechselnd das Glück ihrer Menschen.

WAS IST WOHL IN DER KISTE?

Voraussetzungen und Vorteile

Dieses Spiel ist für Hunde geeignet, die sich zumindest ansatzweise hinlegen und mit etwas Unterstützung kurz liegen bleiben. Die Hunde können an ihrer Selbstkontrolle arbeiten, während ihre Menschen mit einem Karton direkt vor ihnen hantieren.

Aufbau

Wickeln Sie ein paar große Schachteln in hübsches Papier ein. Binden Sie um jede ein breites Stoffband, wobei die Enden lang genug sein sollten, um sie zu einer Schleife zu binden. Teilen Sie die Gruppe in Teams von jeweils drei oder vier Spielern ein. Bilden Sie für jedes Team eine Linie auf dem Boden, auf der sich die Paare nebeneinander aufstellen.

Beschreibung

Stellen Sie eine Schachtel mit einer Schleife eine Armlänge vor das erste Paar in jeder Reihe. Dieser Hund wird aufgefordert, sich hinzulegen und zu bleiben, während sein Partner die Schleife löst und neu bindet und dann die Schachtel zur nächsten Person schiebt oder weitergibt, die den Vorgang wiederholt. Die Box muss innerhalb einer Armlänge von jedem Spieler bleiben. Wiederholen Sie das, bis das letzte Paar an der Reihe war.

Spielvarianten

Ich habe dieses Spiel seit Jahren jedes Weihnachten in meinen Kursen gespielt. Wenn Sie möchten, können Sie daraus einen Wettbewerb machen, indem Sie die Spieler auffordern, das Spiel zu stoppen, wenn ein Hund in ihrem Team aufsteht. Der Hund muss sich wieder hinlegen, bevor das Spiel für das Team fortgesetzt wird. Wenn Sie noch pingeliger sein wollen, schreiben Sie jedes Mal eine Wartezeit von drei Sekunden vor, wenn der Hund seine Nase in Richtung der Geschenkbox streckt.

Eine Coaching-Gelegenheit

Es hilft, die Menschen daran zu erinnern, dass dies kein Test, sondern eine Trainingsmöglichkeit ist. Sie könnten ihre Hunde daran erinnern, zu bleiben und die Position verstärken, während sie mit der Kiste hantieren.

Zehnkampf

Voraussetzungen und Vorteile

Mit zehn Veranstaltungen, aus denen man wählen kann, bietet der Zehnkampf für jeden etwas. Die Teams arbeiten zusammen, um herauszufinden, wie jedes Paar individuell zum Erfolg ihres Teams beitragen kann. Es handelt sich um eine teambildende Aktivität und die Spieler können das kreative Denken üben.

Aufbau

Teilen Sie die Teilnehmer nach dem Zufallsprinzip in zwei oder mehr Teams ein. Das Verhalten, das für jedes der zehn Ereignisse gewählt wird, bestimmt die benötigten Requisiten. Für die Eröffnungsfeier sollten Sie eine fetzige Stadionmusik bereithalten. Sie können zum Spaß eine olympische Fackel vorbereiten (ein rotes Hundespielzeug am Ende eines Targetstabes). Lassen Sie jemanden damit durch die Arena laufen, bevor Sie beginnen. Wenn Sie die Wettbewerbsversion spielen, benötigen Sie ein Whiteboard und Wertungskarten.

Beschreibung

Der Zehnkampf nimmt sehr viel Zeit in Anspruch. Ich denke, dass es die Zeit wert ist, da der Gemeinschaftsgeist gefördert wird, wenn die Teams planen, welche Mitglieder an welchen Ereignissen teilnehmen werden. Die Variationsmöglichkeiten für die zehn Grunddisziplinen sind endlos. Die genauen Kriterien für die Grundübung erfahren die Spieler erst kurz vor Beginn der Veranstaltung. Es werden für alle Teams exakt die gleichen Übungen durchgeführt. Vor dem Start des Zehnkampfes trifft sich jedes Team und legt die Stärken der einzelnen Paare fest. Gibt es einen eifrigen Apportierer im Team? Einen wirklich zuverlässig kommenden Hund? Wer ist am ehesten felsenfest beim Bleiben? Der Teamleiter notiert dann, welche Paare die Disziplinen durchführen, wobei er darauf achtet, dass alle Paare eines Teams möglichst gleichmäßig an den Disziplinen teilnehmen. Der Zehnkampf beginnt, die SL kündigt das Ereignis an und erklärt und demonstriert, wie die Übung auszuführen ist. Nachdem die Übung vorgeführt wurde, darf nicht mehr geübt werden. Ein Paar aus jedem Team führt die Übung vor, dann präsentiert die SL die Übung der nächsten Disziplin. Hier sind einige Ideen für die SL.

Komm-Wettbewerb:

- Person sitzt auf einem Stuhl mit dem Rücken zum Hund, wenn sie ruft.
- Der Hund wird von einer SLA an der Leine gehalten, während seine Person vor dem Rufen ausser Sichtweite geht.

Leinen-Wettbewerb:

- Leine lose über die Schulter der Person gelegt anstatt festgehalten. Eine Acht um Pylonen. Bleibt die Leine auf der Schulter?
- Fuß gehen rückwärts auf einer Linie am Boden – mindestens fünf Schritte. Bleibt der Hund in Position?

Sitz-Wettbewerb:

- Die Person stülpt sich eine Papiertüte über den eigenen Kopf und fordert den Hund auf, sich zu setzen.
- Der Hund sitzt, während eine SLA in der Nähe „Platz" und „Komm" sagt.

Bester Trick-Wettbewerb:

- Nach Wahl des Teams.

Target-Wettbewerb:

- Die Person bleibt stehen, der Hund geht zu einer kleinen Matte, die zwei Meter entfernt ist.
- Die Nase des Hundes muss einen neuen Gegenstand berühren.

Distanz-Wettbewerb:

- Die Person schickt den Hund um einen Kegel in zwei Metern Entfernung.
- Der Hund bleibt liegen, sein Partner geht zehn Schritte und fordert ihn zum Sitzen auf.

Hindernislauf:

- Hund läuft rückwärts zwischen zwei Tischen hindurch, die seitlich liegen und einen Gang bilden.
- Hund läuft über mehrere Hula-Hoop-Reifen, die auf dem Boden liegen und sich überlappen, ohne sie zu berühren.

Tanzwettbewerb:

- Der Teilnehmer tanzt zu 30 Sekunden Musik nach Wahl der SL.

Apportierwettbewerb:

- Mehrere Seilspielzeuge, die lose zusammengebunden sind.
- Eine Tüte Chips.

Platz-Wettbewerb:

- Ein Ball rollt vorbei, während der Hund abliegt.
- Der Hund muss während des Liegens den Kopf auf dem Boden behalten.

Spielvarianten

Der Zehnkampf kann als Wettkampfspiel durchgeführt werden. Geben Sie die Bewertungskriterien bekannt. Einige Ideen könnten sein: Sicherheit, Kreativität, minimale Signale sowie die Latenz, Geschwindigkeit und Präzision des Hundes bei der Ausführung des Signals. Die Punktevergabe ist sehr mühsam und subjektiv. Sie müssen sich eine Art Plan für den Punkteabzug für die Richter ausdenken. Bestimmen Sie drei unparteiische Richter und geben Sie jedem zehn Zettel mit den Nummern 1 bis 10. Nachdem jeder Teilnehmer angetreten ist, halten die Richter, ohne sich abzusprechen, ihre Punkte hoch. Sie können den Durchschnitt der Punkte bilden, aber es ist einfacher, die höchsten und niedrigsten Punkte zu streichen und die mittlere Zahl zu nehmen. Weniger Vorbereitungsarbeit: Lassen Sie die Richter die Finger hochhalten.

Eine Coaching-Gelegenheit

Lassen Sie nach jedem Teilnehmer das andere Team einen positiven Kommentar zu seiner Leistung abgeben. Nachdem alle Teams eine Aufgabe ausgeführt haben, könnte die SL eine Trainingseinheit zu dieser Übung durchführen und sich dabei auf zwei verschiedene Aspekte konzentrieren:

- Wie würden Sie das Verhalten trainieren, wenn Sie viel Zeit hätten?
- Welche Handlungsstrategien hätte man anwenden können, um die beste Leistung vor Ort zu erzielen?

Spiele nur für Menschen

Dieser Abschnitt hilft Menschen, ihre Koordination und ihre Fähigkeiten als Trainer unabhängig von der Arbeit mit ihrem Hund zu verbessern. Es ist doch nur fair, die Fähigkeiten an beiden Enden der Leine zu trainieren, oder? Ich verwende Variationen dieser Übungen regelmäßig in meinen Hunde- und Hühnertrainingskursen und Workshops. Viele der hier vorgestellten Spiele sind als Clicker-Trainingsübungen konzipiert und setzen voraus, dass Sie die Grundlagen des Clickertrainings bereits erlernt haben. Die Übungen können angepasst werden und sind auch dann noch nützlich, wenn Ihr Training keine Verwendung eines Markers vorsieht. Die meisten Spiele sind geeignet, um Schüler, die noch keine Erfahrung mit dem Clickertraining haben, in die Grundlagen des Clickertrainings einzuführen. Es ist nur eine kurze Lektion vor dem Spiel nötig.

Hier sind ein paar meiner Lieblingsspiele für mechanische Fähigkeiten, die nur für Menschen geeignet sind. Ihre Suchmaschine kann Ihnen dabei helfen, Webseiten, Computerprogramme und Apps zu finden, mit denen Sie Ihre Auge-Hand-Koordination ganz alleine trainieren können.

Untersetzer

Voraussetzungen und Vorteile

Dies ist ein Spiel für jeden, der die grundlegende Technik des Clickers beherrscht. Ich führe solche Spiele bei Seminaren und Workshops als Aufwärmübung am Morgen oder nach einer Pause durch. Es ist schnell und einfach aufgebaut, weshalb es sich auch gut für einstündige Kurse eignet. Trainer sollten Ihre Fähigkeiten durch regelmäßige Übung stärken. Wenn durch viele Wiederholungen die Technik zur Gewohnheit wird, kann sich der Trainer auf andere Aspekte des Trainings konzentrieren.

Aufbau

Zwei Trainer stehen sich gegenüber mit einem Tisch zwischen sich. Drei oder vier Getränkeuntersetzer werden auf der Fläche verteilt – ein paar Zentimeter voneinander entfernt, wenn ausreichend Platz ist, auch mehr. Nehmen Sie Untersetzer, die einen kleinen Rand haben, damit der Inhalt darauf bleibt. Die meisten Ein-Euro-Shops verkaufen Getränkeuntersetzer in verschiedenen Farben. Sie benötigen mindestens drei verschiedene Farben – vier oder fünf machen das Spiel noch interessanter. Legen Sie sie auf den Tisch, mit dem Rand nach oben, damit die Futterstücke darauf bleiben. Denken Sie daran, dass manche Menschen Farben nicht unterscheiden können. Wenn das der Fall ist oder wenn Sie keine Untersetzer in verschiedenen Farben finden, beschriften Sie die Untersetzer mit großen Zahlen oder Buchstaben. Eine gute Alternative, wenn Sie keine passenden Untersetzer finden, sind Plastikdeckel für Futterdosen. Wenn Sie besonders witzige Exemplare haben, könnten Sie diese auch nach dem Spiel an die Teilnehmerinnen verschenken.

Beschreibung

Die Spieler tragen ihre Leckerli-Beutel mit kleinen, nicht krümeligen, nicht klebenden Leckerli. Aufgeschnittene Dörrfleischstreifen eignen sich gut für diese Übung. Wenn keine Leckerli-Beutel verwendet werden, kann das Futter in einer Tasche oder in einem kleinen Behälter auf dem Tisch liegen. Eine

Person wird zum Trainer und die andere zum Coach ernannt. Die Rollen werden getauscht, bevor das Spiel zu Ende ist, damit beide jede Rolle erfahren können. Obwohl Sie viele verschiedene Farben bereit haben, beginnen Sie mit nur zwei. Achten Sie darauf, dass jedes Paar die gleichen zwei Farben hat wie alle anderen Spieler! Ein Clicker wird in der „Grundstellung" in einer Hand gehalten. Der Trainer bestimmt selbst, was seine Grundstellung sein wird. Die Clickerhand bleibt während des gesamten Trainings in dieser neutralen Position. Die SL ruft eine Farbe aus. Der Ablauf, der vom Trainer erwartet wird, ist: die Farbe hören, beim Klicken in der Grundstellung stillhalten, dann das Leckerli von der Ausgangsposition in den richtigen Untersetzer legen. Der Klick und die Abgabe erfolgen nacheinander, nicht gleichzeitig. Als nächstes ruft die SL eine andere Farbe und variiert dabei die Geschwindigkeit zwischen dem Rufen der Farben. Der Coach gibt dem Trainer nach jeder Einheit Feedback und fokussiert sich dabei auf das, was gut funktioniert hat. Seien Sie spezifisch: Statt „Gut gemacht." ist es vielleicht hilfreicher zu sagen: „Gut gemacht, die Clickerhand war ruhig." Sie können auch Punkte hinzufügen, die verbessert werden könnten: „Hast du gemerkt, dass du gleichzeitig klickst und das Futter gibst?" Nachdem Sie etwas gemeinsam trainiert haben, kann dieses Feedback wahrscheinlich verkürzt werden zu: „Nacheinander".

Nach zwei oder drei Runden zum Aufwärmen kann die SL darum bitten, weitere Farben zu den beiden bereits auf dem Tisch liegenden hinzuzufügen und einige Wiederholungen mit allen Farben durchzuführen. Jetzt ist es Zeit, die Rollen zu tauschen. Gehen Sie zu den ursprünglichen zwei Farben zurück, um dem „neuen" Trainer die Möglichkeit zu geben, sich aufzuwärmen und Feedback zu erhalten, bevor Sie die zusätzlichen Farben hinzufügen.

Spielvarianten

Machen Sie die Übung anspruchsvoller, indem Sie beide Spieler abwechselnd eine oder mehrere der folgenden Variationen ausprobieren lassen:

- Der Trainer wechselt den Clicker in die nicht-dominante Hand. Dies ist nur zur Übung. Er kann dann entscheiden, welche Hand er für den Rest der Übungen verwenden möchte.

- Der Coach wird die Untersetzer zwischen den Wiederholungen verschieben. Sobald der Trainer das Leckerli gibt, greift er hinein und schiebt die Untersetzer in eine andere Position, bevor die SL die nächste Farbe aufruft. Hoffentlich kippt der Coach das Futter dabei nicht aus. Nach einigen Wiederholungen tauschen die Spieler die Rollen. Wiederholen Sie dies nach Belieben.

- Eine größere Herausforderung für die Geschicklichkeit ist es, wenn der Trainer mit dem Rücken zum Tisch steht. Wenn er die SL eine Farbe rufen hört, klickt er, dreht sich dann zum Tisch, legt das Leckerli ab und dreht sich wieder weg. Der Coach wird die Untersetzer bewegt haben, während der Trainer den Rücken zugewandt hat. Wiederholen Sie das – aber nicht zu oft. Den Leuten wird schwindelig!

Kein Wettbewerb, keine Punkte, nur gemeinsames Üben.

Gegen die Schwerkraft

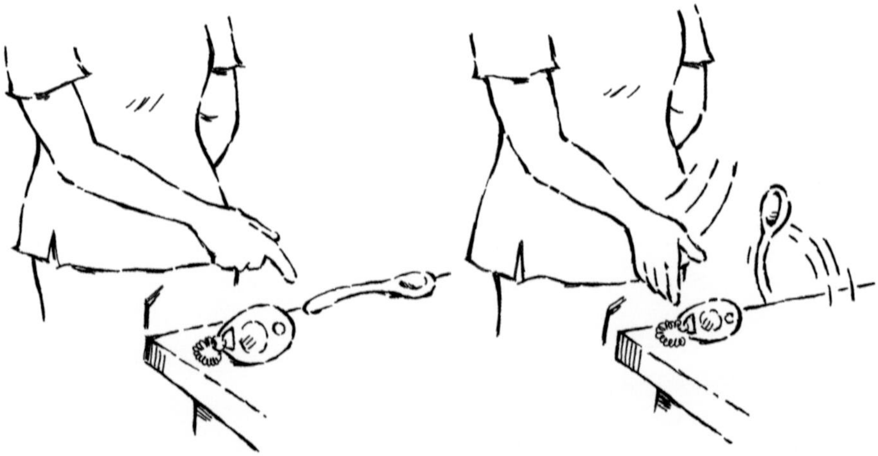

Voraussetzungen und Vorteile

Eine Aktivität für alle.

Aufbau

Normalerweise kündige ich diese Herausforderung vor einer Pause an, damit die Teilnehmer in ihrem eigenen Tempo üben können. Bringen Sie Geschenk-Clicker für alle mit. Ein Clicker wird auf eine Tischkante gelegt. Ein Metalllöffel wird auf dieselbe Kante gelegt, drei Zentimeter entfernt vom Clicker.

Beschreibung

Der Trainer darf nur eine Hand benutzen. Die andere wird während der Übung hinter dem Rücken gehalten. Der Spieler stupst den Löffel an (nicht schleudern oder aufheben und werfen – nur anstupsen!), sodass er auf den Boden fällt. Mit der gleichen Hand nimmt er sofort den Clicker und klickt.

Wenn das Clicken ertönt, bevor der Löffel auf dem Boden aufschlägt, hat er die Schwerkraft besiegt. Dies funktioniert am besten, wenn der Tisch auf einem harten Boden steht, sodass man das Aufschlagen des Löffels hören kann. Der erste Teilnehmer, der nach der Pause seinen Erfolg vorführen kann, bekommt Applaus – und darf den Clicker behalten. Normalerweise wollen alle die Herausforderung annehmen und es versuchen! Auf jeden Fall dürfen alle mit Clicker nach Hause gehen!

Spielvarianten

Dieses Spiel ist ein guter Einstieg für Teilnehmer, um dann Clicker-Perlen-Anhänger herzustellen. Siehe nächste Seite.

Clicker-Perlen-Anhänger (auch TAGulator genannt)

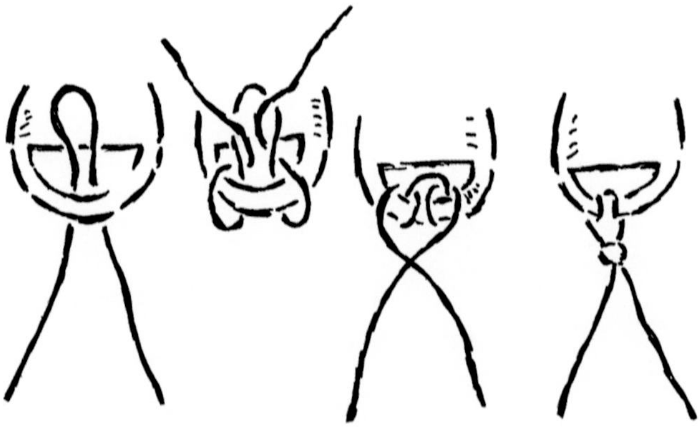

Voraussetzungen und Vorteile

Dies ist eine Bastelstunde für jedermann. Ein Clicker mit einem Anhänger ist leichter am Boden der Handtasche oder im hintersten Winkel der Schublade zu finden. Wenn Sie Perlen nehmen, die im Dunkeln leuchten, verstärken Sie diesen Effekt! Der Anhänger ist eine Reihe von Perlen auf einer Schnur. Eine weitere nützliche Funktion ist, dass die SL mithilfe der Perlen den Überblick über die Spielzüge behalten kann. Manchmal bitte ich zwei Teams, abwechselnd je zwei Runden zu spielen. Bei all dem Trubel möchte ich sichergehen, dass ich die letzte, vierte Runde nicht vergesse. Dazu verschiebe ich je eine Perle pro gespielter Runde.

Vorbereitungen/Material, welches für jeden Teilnehmer benötigt wird:

- Eine 45 bis 50 cm lange Schnur. Am besten funktioniert es mit 2 mm-Satin-Schnur, damit die Schnur gut durch die Perlen passt und die Perlen sich gut verschieben lassen.

- Vier Perlen. „Pony-Perlen" haben die richtige Grösse der Öffnung.
- Optional: Kleiner Karabiner oder Spaltring.
- Optional: Etwas Bastelkleber.

Alle oben genannten Dinge finden Sie in Bastelabteilungen von Kaufhäusern.

Beschreibung/Anweisungen:

- Legen Sie die Schnur doppelt, sodass Sie zwei gleich lange Enden haben.
- Schieben Sie das Schlaufenende der gefalteten Schnur durch die Öse des Clickers.
- Ziehen Sie den Clicker über die Hälfte der beiden Schnüre.
- Stecken Sie die beiden Schnurenden in die Schlaufe und ziehen sie fest.
- Sie haben nun einen Clicker, der an einem Ende befestigt ist, und davon ausgehend zwei Schnüre.
- Fädeln Sie eine Perle auf eine Schnur und ziehen sie die Perle bis zur Hälfte herunter.
- Nehmen Sie das lose Ende der zweiten Schnur und stecken Sie es von der anderen Seite durch dieselbe Perle.
- Sie haben nun ein X mit einer Perle in der Mitte.
- Ziehen Sie die Perle nach unten bis zum Clicker.
- Wiederholen Sie den Vorgang mit einer andersfarbigen Perle.
- Es ist egal, welche Schnur Sie zuerst durchfädeln.

- Machen Sie das noch zwei weitere Male, bis Sie vier Perlen in wechselnden Farben aufgefädelt haben.

- Wo Sie den Knoten machen, hängt davon ab, wie weit Sie die Perlen verschieben können wollen.

- Meiner Erfahrung nach sind knapp zweieinhalb Zentimeter gut passend, um die Perlen gut verschieben zu können.

- Machen Sie einen festen „Stopper"-Knoten. Jeder Knoten ist geeignet. Ich verwende einen Überhandknoten.

- Sie können die verbleibenden Schnurenden um den Karabiner oder Ring knoten.

- Die restliche Schnur kann zu einer Schleife gebunden werden.

- Probieren Sie es aus!

- Wenn Ihnen die Abstände gefallen, drücken Sie einen Klecks Kleber auf alle Knoten und lassen Sie sie trocknen.

Mit dem Karabiner können Sie den Clicker an Ihrem Leckerlibeutel, Ihrer Gürtelschlaufe oder am Reißverschluss befestigen, sodass er immer griffbereit ist.

Anmerkung: Vor vielen Jahren habe ich auf einem TAGteach-Workshop gelernt, wie man diese ursprünglich als TAGulatoren bekannten Anhänger bastelt. Suchen Sie im Internet noch mehr über TAG (Teaching with Acoustical Guidance, Lehren mit akustischer Hilfe) und TAGulatoren. Ich entschuldige mich bei den geschätzten TAG-Lehrern, dass ich ihre Idee mit abgewandelter Form und Funktion für einen anderen Zweck adaptiert habe.

Bop It!

Voraussetzungen und Vorteile

Bop It! ist ein Spiel für jeden. Es trainiert die Koordination, die Reaktionszeit und die Teamarbeit.

Aufbau/Beschreibung

Dieses Spielzeug ist in den meisten Kaufhäusern oder online erhältlich. Es gibt mehrere Versionen davon. Ich mag das Original Bop It!, wie in der Abbildung gezeigt. Wenn Sie das Spielzeug aktivieren, sagt Ihnen die Stimme aus dem Gerät, was Sie mit den Knöpfen und Griffen tun sollen. Sie hören „Ziehen", „Drehen" und dergleichen. Je länger Sie spielen, desto schneller wird die Stimme mit ihren Anweisungen. Wenn Sie zu langsam sind, schimpft er und das Spiel ist für Sie vorbei. Das ist nicht sehr positiv, oder? Sie können darüber sprechen, wie es sich anfühlt, verspottet zu werden, weil man den Erwartungen eines anderen nicht gerecht wird. Der beste Teil des Spiels ist, wenn die Stimme sagt: „Weitergeben" – Sie sind aus dem Schneider, aber Sie müssen das Spielzeug effizient an die nächste Person in Ihrem Team weitergeben. Diese Person muss sich schnell konzentrieren, denn die Stimme macht während der Übergabe mit ihren Anweisungen weiter.

Möglicherweise müssen Sie die Gruppe aufteilen, jedes Team mit seinem eigenen Spielzeug, um die Wartezeit zu verkürzen. Halten Sie die Teams gut auseinander, denn dieses Spiel kann spannend und laut werden. In ihrer Begeisterung können die Spieler die Anweisungen der Stimme übertönen, was die Chance auf eine weitere Beleidigung erhöht.

Eine Coaching-Gelegenheit

Im Ernst: Wenn man unterrichtet, wie man Bop It! spielt, kann man diskutieren, wie man eine Aufgabe in Teillernschritte zerlegt. Das Weitergeben ist die Schwachstelle, hier kann man leicht in Schwierigkeiten geraten, also sprechen Sie über gute Strategien zum Weiterreichen. Bevor Sie mit dem Spiel beginnen, sollten Sie die verschiedenen Anweisungen durchgehen. Die SL ruft die Anweisungen und die Teilnehmerinnen können üben, was sie tun sollen, wenn Sie z. B. „Ziehen" sagen. Dann mischen Sie die anderen Aktionen mit ein. Lassen Sie die Teams gemeinsam planen, wie sie Erfolgschancen optimieren können, insbesondere bei der Weitergabe des Spielzeugs. Ich verteile die kleine Schlüsselanhänger-Versionen von Bop It! gerne als Preise. Und nein, ich besitze keine Aktien der Firma, obwohl ich dieses Spielzeug auf Workshops in der ganzen Welt vorgestellt habe.

RUNDENTURNIER

Voraussetzungen und Vorteile

Einige Trainer werfen das Leckerli für den Hund an eine vorher festgelegte Stelle, anstatt es ihm direkt zu geben. In einigen Trainingssituationen bringt man so den Hund optimal für die nächste Wiederholung in Stellung. Es kann allerdings schwierig sein, das Futter genau dorthin zu werfen, wo man es haben möchte, besonders, wenn das Futter nicht aerodynamisch korrekt ist. Dieses Spiel hilft beim Zielen und bei der Koordination. Die Grundlagen der Clickerverwendung werden vorausgesetzt. Sie können dazu auch eine kurze Lektion vor dem Spiel durchführen.

Aufbau

Sie benötigen einen Clicker und eine kleine Tüte Popcorn für jeden Spieler. Bilden Sie einen Stuhlkreis und stellen Sie eine kleine Schale in der Mitte auf den Boden, mindestens zwei Meter von den Stühlen entfernt.

Beschreibung

Die Spieler sitzen auf den Stühlen und bleiben während der gesamten Übung dort. Einer nach dem anderen wirft abwechselnd ein Stück Popcorn in die Schüssel. Es ist schwierig, das Ziel zu treffen, denn das Popcorn springt oft aus der Schüssel heraus, aber die Teilnehmer können mit jeder weiteren Runde Anpassungen treffen und werden immer erfolgreicher. (Wenn das Spiel vorbei ist, kann jemand das Popcorn in einen Park bringen und an Eichhörnchen verfüttern).

Spielvariante

Lassen Sie den Clicker weg und lassen Sie die Spieler nur mit dem Primärverstärker arbeiten.

Eine Coaching-Gelegenheit

„Wenn du beim ersten Mal keinen Erfolg hast, versuche es noch einmal." – William Edward Hickson

UNGERADE ODER GERADE?

Voraussetzungen und Vorteile

Dies ist ein weiteres einfaches Spiel, um die Auge-Hand-Koordination zu schulen. Die grundlegenden mechanischen Clickerfähigkeiten sollten vorhanden sein.

Aufbau

Zwei Trainer stehen sich mit einem Tisch zwischen sich gegenüber. Sie halten jeweils einen Clicker in ihrer gewählten Grundposition. Auf jedem Tisch liegt ein normaler Würfel.

Beschreibung

Bitten Sie einen Freiwilligen, mit Ihnen das Spiel zu demonstrieren. Sie nehmen die „geraden" Zahlen und der Freiwillige die „ungeraden". Der Spieler mit den geraden Zahlen fängt immer an. Zum Spielstart wirft der „gerade" Spieler den Würfel auf den Tisch. Wenn eine ungerade Zahl fällt, klickt der „ungerade" Spieler, hebt ihn auf und würfelt. Wenn eine gerade Zahl erscheint, klickt der gerade Spieler, nimmt den Würfel auf und würfelt erneut. Dies kann ein sehr schnelles Spiel sein. Lassen Sie die Leute etwa 30 Sekunden lang spielen und rufen Sie „Stopp", damit sie aufhören. Spielen Sie ein paar 30-Sekunden-Runden und bitten Sie dann die Spieler, die Rollen zu tauschen. Die ungerade Person ist nun die gerade Person und andersherum! Dies kann ein schwieriger Übergang für die Spieler sein. Ich lockere die Spieler gerne auf, indem ich sage: „Lieber machen wir Fehler mit einem Stück Plastik als mit unseren Hunden."

Spielvarianten

Für eine mathematische Herausforderung können Sie zwei Würfel verwenden, die Spieler müssen blitzschnell die Augenzahlen zusammenzählen. Lassen Sie die Teilnehmer statt des Clickers einen verbalen Marker verwenden. Lassen Sie den Marker ganz weg und greifen Sie einfach zu und würfeln Sie.

Eine Coaching-Gelegenheit

Spielen Sie noch ein paar Runden. Weisen Sie darauf hin, dass diese Übung nützlich ist, weil Trainer häufig in Bruchteilen von Sekunden entscheiden müssen, welches Verhalten sie verstärken wollen, während sie das Verhalten ihres Hundes shapen.

Sich schnell ändernde Kriterien

Voraussetzungen und Vorteile

Mit diesem Spiel üben Sie, schnell wechselnde Kriterien zu definieren, erkennen und markieren. Spieler sollten die Grundlagen der mechanischen Fertigkeiten des Clickertrainings beherrschen.

Aufbau

Teilen Sie einige Spielkartensätze in Stapel mit roten und schwarzen Karten auf. Sie können die Joker weglassen, da sie die Spieler manchmal verwirren. Teilen Sie die Karten in Ministapel mit etwa 15 bis 20 Karten auf, jeweils etwa gleich viele rote und schwarze Karten, und mischen Sie jeden Stapel. Zwei Spieler stehen sich mit einem Tisch dazwischen gegenüber. Einer ist der Trainer und hält einen Clicker in einer selbst gewählten (neutralen) Ausgangsposition. Der andere gibt die Karten.

Beschreibung

Machen Sie vorab eine kleine Demonstration, in der Sie der Geber sind. Der Geber hält den Kartenstapel mit den Zahlenseiten nach unten und legt die Karten eine nach der anderen auf den Tisch, sodass die Rückseite der Karte nach oben zeigt. Die Aufgabe des Traines ist es, in dem Moment zu klicken, in dem die Karte auf den Tisch fällt, nicht vorher und nicht nachher. Der Geber sollte darauf achten, dass er die Karten anfangs etwas langsamer fallen lässt, bis der Trainer aufgewärmt ist. Das Spiel endet, wenn die letzte Karte an jedem Tisch ausgegeben wurde. Mischen Sie die Karten. Diesmal legt der Geber die Karten mit der Bildseite nach oben ab. Bevor das Spiel beginnt, verkündet die SL Rot oder Schwarz. Bei Rot sollten nur rote Karten geklickt werden. Die schwarzen Karten werden ignoriert. Die Aufgabe des Trainers ist nun zweifach: Er muss immer noch genau dann klicken, wenn die Karte auf den Tisch fällt, hat aber nun das zusätzliche Kriterium, nur die roten Karten zu klicken. Tauschen Sie die Rollen und spielen Sie erneut.

Spielvarianten

Eine anspruchsvollere Variante besteht darin, dass die SL ein paar Mal während der Runde die Farbe wechselt. Vielleicht beginnt das Spiel mit Rot. Während des Spiels ruft die SL „Schwarz, klicke jetzt schwarz". In ein paar Sekunden ruft die SL vielleicht „Rot, jetzt rot klicken". Wenn Sie trickreich sein wollen, kann die SL rufen: „Nur Bildkarten." Eine andere Möglichkeit, die Spieler herauszufordern, besteht darin, die gleiche Farbe zweimal hintereinander zu rufen. Wenn die Spieler z. B. schwarz markieren, rufen Sie „Schwarz, jetzt schwarz markieren". Einige Spieler wechseln automatisch zur anderen Farbe. Sie haben nicht zugehört. Ups!

Eine Coaching-Gelegenheit

Bitte beachten Sie, dass in dieser Übung nicht mit Primärverstärkern geübt wird. Wir konzentrieren uns hier nur auf die Clickerfähigkeiten. Vergessen Sie nicht, die Geber mit den Trainern zu tauschen, damit jeder Teilnehmer bei jeder Spielvariante gleich viel Zeit zum Üben bekommt. Fragen Sie in die Runde, ob jemand einen Fehler gemacht hat, und erinnern Sie daran, dass es besser ist, Fehler mit Karten zu machen als mit Menschen und Hunden.

Schnelles Ziehen

Voraussetzungen und Vorteile

Die Verstärkerrate ist für das Training ein wichtiger Faktor, den Sie bei Ihren Unterrichtsplänen berücksichtigen sollten. Schnelligkeit ist ein Faktor, der zu einer angemessen hohen Verstärkerrate führt. Bei diesem Spiel steht die Geschwindigkeit im Vordergrund.

Aufbau

Zwei menschliche Spieler stehen sich gegenüber und haben einen Tisch dazwischen. Jeder von ihnen hält einen Clicker in seiner gewählten Grundstellung. Jeder hat einen Vorrat an Leckerli in seinem Beutel. Auf dem Tisch vor jedem Trainer befindet sich eine kleine Schale.

Beschreibung

Wenn die SLA „Start" ruft, klicken die Spieler in der Ausgangsposition und legen den Verstärker in ihre Schale, so oft, bis die SLA „Stopp" ruft. Die Dauer der Einheit beträgt 30 Sekunden. Wie viele Futterstücke befinden sich in der Schale? Da die Verstärkerrate fast immer in „pro Minute" angegeben wird, verdoppeln Sie diese Zahl und notieren Sie die Summe. Leeren Sie die Schale für die zweite Runde aus. Können die Spieler die Anzahl um mindestens einen Verstärker erhöhen? Klappt es, ohne mit den Leckerli-Beuteln herumzufummeln? Sind sie noch in der Lage, ihre Hand in der Ausgangsposition zu halten? Klicken sie zuerst und bewegen erst *dann* ihre Hand in Richtung des Leckerli-Beutels? Denken Sie an die richtige Reihenfolge: „Klick" dann „Leckerli". Also zwei aufeinander folgende Bewegungen, nicht „Klick" und „Leckerli" gleichzeitig.

Spielvarianten

Lassen Sie die Spieler ein Diagramm zur Verstärkerrate ausfüllen. Eine einfache Version finden Sie auf Seite 219.

Eine Coaching-Gelegenheit

Es ist kontraproduktiv, die Teilnehmer mit einem Clicker trainieren zu lassen, wenn sie die Technik des Markierens des passenden Kriteriums und der Verstärkerübergabe nicht verstehen. Halten Sie eine kurze Lektion vor dem Spiel über die oben genannten Punkte, wenn Sie hier Schwächen vermuten.

Schweigen ist Gold: Shaping-Übung am Tisch

Voraussetzungen und Vorteile

Voraussetzungen – null. Vorteile – zu zahlreich, um sie aufzuzählen.

Aufbau

Zwei Teilnehmer sitzen sich gegenüber, mit einem Tisch zwischen sich. Einer ist der Lernende, einer der Trainer. Jedes Paar benötigt ein Shaping-Kit. Die SL braucht ein Zeitmessgerät. „Schweigen ist Gold" ist ein Geschicklichkeitsspiel nur für Menschen. Es ist meine eigene Abwandlung einer interaktiven Übung, die in den 1960er Jahren von den Brelands entwickelt wurde. Viel später wurde eine abgewandelte Version von Karen Pryor populär gemacht. Seitdem hat es viele Adaptionen dieser Übung durch Trainer auf der ganzen Welt gegeben. Hier ist die Version, die ich spiele. Ich nenne sie „Schweigen ist Gold", weil ich gerne zeige, wie wichtig es ist, den Clicker sprechen zu lassen. Wenn Ihre Spieler neu im Clickertraining sind, sollten Sie unbedingt die Grundlagen coachen, während Sie dieses Spiel spielen. Das Ziel des Spiels ist nicht, dass die Lernende die Aufgabe tatsächlich ausführt. Vielmehr geht es um die Vermittlung des Konzepts: „Der Weg ist das Ziel."

Das Shaping-Kit

Fünf kleine Gegenstände: In Spielzeugabteilungen gibt es mit kleinen Spielzeugen (wie z. B. kleinen Tieren) gefüllte Tüten. Jeder kleine Gegenstand, den der Lernende bewegen kann, ist gut geeignet: Würfel, Dominosteine, Legos, Münzen, Büroklammern, Pokerchips.

Zwei vorgedruckte Verhaltenskarten: Ich wähle Verhaltensweisen, die einfach und nicht invasiv sind und ein vernünftiges Ziel für die Lernende haben. Ein Beispiel könnte sein: „Lege die Münze auf die Büroklammer." Folgende Aufgabe wäre zu komplex für diese Version des Spiels: „Legen Sie die Münze auf die Büroklammer, schieben Sie beide an den Rand des Tisches, nehmen Sie dann die Münze von der Klammer und legen Sie sie wieder auf den Tisch." Um die Verhaltensweisen einfach zu halten, gebe ich sie vor und drucke sie im Voraus auf Karten oder Zettel, anstatt den Trainerinnen die Möglichkeit zu geben, sich eigene Verhaltensweisen auszudenken.

15 bis 20 „Leckerli": Trockene Bohnen oder Hundefutterstücke oder auch kleine Knöpfe sind leicht zu handhaben und können die Trainingsleckerli darstellen.

Zwei Karteikarten: Der Trainer stapelt die Leckerli auf einer Karteikarte vor sich auf dem Tisch, dies ist der „Leckerli-Beutel". Der Lernende hat die andere Karteikarte vor sich auf dem Tisch liegen, dies ist der „Magen".

Ein Clicker: Sie benötigen nur einen pro Paar.

Beschreibung

Es werden einfache Shapingaufgaben gestellt. Die Teilnehmer sind abwechselnd Trainer und Lernender. Jedes Paar hat ein „Shaping-Kit" – den gleichen Satz an Spielfiguren in einer Plastiktüte. Das Spiel besteht aus einer Reihe von drei einminütigen Einheiten, die von der gesamten Gruppe gleichzeitig durchgeführt werden, wobei die Teilnehmer paarweise an einem Tisch sitzen (nach einer anfänglichen Demonstration durch die SL). Betonen Sie, dass wir diese Übung machen, um später darüber zu diskutieren, was die Lernenden womöglich lernen – was sich oft von dem unterscheidet, was der Trainer tatsächlich vermitteln möchte oder denkt, zu vermitteln. „Schweigen ist Gold". Ich setze das Schweigen während des Spiels durch, denn oft sind Kommentare, die die Spieler untereinander ausplaudern, von unschätzbarem Wert – ein Aha-Erlebnis, das sie mit der *ganzen* Gruppe teilen sollen. Ich leite die Diskussion systematisch zwischen den einzelnen Trainingseinheiten.

Der zugewiesene Trainer wählt nach dem Zufallsprinzip eine der vorgedruckten Verhaltensweisen aus, die im Kit enthalten sind, um sie dem Lernenden auf der anderen Seite des Tisches beizubringen. (Nicht das zweite Papier ansehen.) Der Trainer nimmt sich ein paar Minuten Zeit, um sich einen Trainingsplan zurechtzulegen. Wenn der Timer die erste Runde startet, beginnt der Lernende, die fünf auf dem Tisch liegenden Gegenstände zu untersuchen. Der Lernende darf während des gesamten Spiels nur eine Hand benutzen, und zwar dieselbe Hand, während er die andere in seinen Schoß legt. Dadurch wird der Lernende hundeähnlicher. Das macht es für den Trainer einfacher, zwischen den Wiederholungen die Gegenstände auf Anfang zurückzusetzen. Wenn der Lernende das Klicken hört, nimmt er das Leckerli, das ihm der Trainer anbietet, und legt es auf seinen „Magen". Wir beobachten die Verstärkerrate und wie die Auswahl der Kriterien diese beeinflusst. Bei meinen Aufgaben beträgt die kleinste akzeptable Verstärkerrate 10 bis 15 pro Minute. Zählen Sie am Ende jeder Runde die Anzahl der Leckerli im Magen. Kann das Kriterium während der nächsten Runde vereinfacht werden, um die Verstärkerrate zu erhöhen? Sie können die Daten in einer Tabelle in einem Diagramm zur Verstärkerrate aufzeichnen lassen. Ein Beispiel finden Sie auf Seite 219.

Jede einminütige Spieleinheit kann auf eine von drei Arten beendet werden: (1) Wenn der Timer das Ende der Runde ankündigt. Erinnern Sie die Spieler daran, leise zu sein, und bereiten Sie sich darauf vor, zu diskutieren, wenn die ganze Klasse zuhören kann. Es ist wichtig, den Lernenden noch nicht wissen zu lassen, was seine Aufgabe ist. Er hat noch zwei weitere Runden vor sich. (2) Wenn der Lernende die Aufgabe scheinbar *einmal* so ausgeführt hat, wie sie auf der Karte steht. Der Trainer sollte nicht weitermachen, um sich zu vergewissern. Bei diesem Spiel hören Sie auf, sobald die Aktion so aussieht, wie sie auf dem Papier aufgeschrieben wurde. Der Trainer beglückwünscht den Lernenden und verrät noch nichts. Und (3) jedes Mal, wenn der Trainer oder der Lernende übermäßig verwirrt oder gestresst zu sein scheint, kann der Trainer des Teams die Trainingseinheit beenden.

Eine Coaching-Gelegenheit (oder viele!)

Auch wenn einige Spieler das geshapte Verhalten erfolgreich ausführen werden, ist dies nicht das eigentliche Ziel. Viel wichtiger ist die Diskussion am Ende der Trainingseinheit. Die bessere Lektion liegt oft eher darin, herauszufinden, warum es nicht funktioniert hat! Wenn sich die Spieler weniger auf das Ziel konzentrieren, reduziert das den Stress. Die kurzen Shaping-Einheiten mit festgelegtem Ende erhöhen auch die Effektivität des Trainings.

Zwischen und nach den Runden sprechen wir über die Aufgabenanalyse, das Identifizieren von Kriterien, das Markern von klar definierten Kriterien und die effiziente Verstärkerübergabe, das In-Startposition-Bringen zwischen den Wiederholungen, abergläubisches Verhalten und viele andere Details. Vielleicht wurden für die Aufgabe nur zwei der fünf kleinen Gegenstände benötigt. Erwähnen Sie, wenn ein Trainer versäumt hat, diese irrelevanten

Ablenkungen aus dem Trainingsbereich zu entfernen. Entscheiden Sie, welche Themen Ihnen wichtig sind und beziehen Sie diese zwischen den Trainingseinheiten ein. Geben Sie den Teilnehmern am Ende die Möglichkeit, miteinander zu reden und zu besprechen, wie das Training anders hätte verlaufen können. Es ist besonders wichtig, dass der Trainer herausfindet, was der Lernende „gedacht" hat – etwas, das Sie Ihren Hund nicht fragen können.

Hier ein Beispiel: Die Aufgabe bestand darin, die Münze auf die Büroklammer zu legen. Auf der Karte stand nicht „Münze mit Kopf nach oben". Der Lernende wurde geklickt und belohnt, wenn er die Münze mit dem Kopf nach oben gelegt hat und glaubt nun, dass dies ein wichtiger Bestandteil des Verhaltens ist. Vielleicht bestand das Verhalten darin, den blauen Chip an den Tischrand zu schieben. Er hat es die ersten paar Male getan, ohne die Farbe zu beachten. In der nächsten Runde schiebt er den gelben Chip an den Rand. Böser Hund! Er weiß es doch besser! Genau das kann passieren, wenn Ihr Hund sich plötzlich weigert, wie erwartet zu reagieren. Er hat wahrscheinlich die Kriterien nie wirklich verstanden. Ich wünschte, Hunde könnten sprechen.

Durchgang

Anzahl der Klicks und Belohnungen pro Minute

	1	2	3	4	5	6	7	8	9	10
Kriterium										
30										
29										
28										
27										
26										
25										
24										
23										
22										
21										
20										
19										
18										
17										
16										
15										
14										
13										
12										
11										
10										
9										
8										
7										
6										
5										
4										
3										
2										
1										

Über die Autorin

Terry Ryan und ihr Mann Bill leben auf der Olympic-Halbinsel im US-Bundesstaat Washington. Sie haben ihre Tochter und ihren Sohn mit vielen Tieren, darunter natürlich auch Hunden, aufgezogen. Terry war mehrere Jahre lang Hausfrau und Mutter. Sie studierte Psychologie an der Washington State University und war dort von 1981 bis 1994 Programmkoordinatorin für den Dekan des Colleges für Veterinärmedizin. Die Programme beinhalteten das Studium der Mensch-Tier-Bindung und die Einführung von tiergestützten Aktivitäts-/Therapieprogrammen.

Terry ist seit den späten 1960er-Jahren kontinuierlich als Hundetrainerin und/oder Ausbilderin tätig. Schon früh gründete sie *Legacy Canine Behavior & Training, Inc.* eine Organisation, die sich auf gewaltfreie Trainingsmethoden für Menschen und ihre Hunde spezialisiert hat.

Terry trainierte ihre eigenen Hunde für verschiedene Leistungswettbewerbe, darunter Fährtenarbeit und Obedience. Sie war jahrelang AKC-Obedience-Richterin. Vom Sommer 1997 bis 2002 unterrichtete sie im Team mehrtägige Verhaltenskurse mit Wölfen bei der American Wildlife Foundation. Terry hatte in mehreren Ländern langjährige Verträge, um Lehrpläne zu erstellen und nationale Hundetrainings- und Trainerschulungsprogramme zu unterrichten.

Viele Jahre lang betrieben die Ryans ein großes Trainingszentrum und beschäftigten Mitarbeiter, die eine Vielzahl von Trainingsspezialitäten unterrichteten. Welpenkurse wurden zweimal pro Woche rund ums Jahr abgehalten. Die Anlage wurde speziell für das Training entworfen und gebaut und umfasste Einrichtungen wie einen privaten Hundepark für ihre Kunden, eine umfangreiche Bibliothek, Büros für Verhaltensberatung und verschiedene Trainings- und Agilityplätze. Um einer von Terrys Leidenschaften gerecht zu werden, diente der Campus gleichzeitig als hochmoderne Trainingsanlage für Hühner.

Mehrmals im Jahr unterrichtet Terry für die Karen Pryor Academy in den USA und im Ausland. Durch Legacy unterhält sie einen regen nationalen und internationalen Workshop- und Seminarplan. Zu ihren beliebtesten Workshops gehören die Legacy Hühner-Trainings-Workshops, ihr Ausbilderkurs „Menschen lehren, ihre Hunde zu trainieren", ihre Workshops für Trainingsspiele und Verhaltensmodifikation.

Terry ist Mitglied von und hat verschiedene Ämter inne in lokalen, nationalen und internationalen Organisationen. Sie saß in verschiedenen Beiräten und hat mehrere Bücher und Broschüren über Training und Ausbildung geschrieben, die in verschiedenen Sprachen veröffentlicht wurden, darunter das Lehrbuch „Coaching People to Train Their Dogs" und „The Toolbox for Building a Great Family Dog". Bleiben Sie auf dem Laufenden über Terrys Aktivitäten unter www.legacy.com.

Mehr Bücher für Hundetrainer:

Kristina Ziemer-Falke & Jörg Ziemer

Start-up für Hundetrainer

So gründen Sie Ihre Hundeschule

Eine Ausbildung zum Hundetrainer ist abgeschlossen – der halbe Weg zum Aufbau einer selbstständigen Existenz im Traumberuf geschafft!
Dieses Buch begleitet durch die zweite Hälfte des Wegs, die in Trainerausbildungen meist wenig berücksichtigt wird: die praktisch-formalen Fragen der Unternehmensgründung. Wie und wo melde ich mein Gewerbe an, welche Vorschriften sind zu beachten, wie muss ich mich steuerlich registrieren, welche Versicherungen benötige ich? Grundwissen in Betriebswirtschaft, Buchführung und Steuern wird so lebensnah und unkompliziert aus den praktischen Erfahrungen des Aufbaus der eigenen Hundeschule beschrieben, dass auch diese meist unbeliebten Themen ihren Schrecken verlieren. Das Kapitel zum Marketing bespricht unter anderem den Aufbau der eigenen Website und den richtigen Umgang mit sozialen Medien, daneben werden auch die Themen Strukturierung und Planung von Unterrichtsstunden, Kundenbindung und professioneller Umgang mit Kunden im Konfliktfall ausführlich behandelt.

Flexicover, 240 Seiten, farbig
ISBN 978-3-95464-219-9
Preis: 34,95 EUR

Susanne Fiss-Quelle

Faktor Mensch

Kundenkommunikation und Konfliktlösung für Hundeprofis

Tierärzte, Tierarzthelfer, Naturheilpraktiker, Hundetrainer, Tierkommunikatoren etc. – sie alle sind Profis im Umgang mit Hunden.
Viele von ihnen wünschen sich jedoch, noch mehr bewirken zu können, als das bisher der Fall ist. Besprochenes wird von den Haltern nicht konsequent umgesetzt. Manches kommt gar nicht erst an. Einiges stößt gerade bei „erfahrenen" Haltern schon im Vorfeld auf Widerstand. Auch gibt es immer wieder einmal Situationen, in denen es zu Konflikten zwischen Hundeprofi und Halter kommt. Manchmal kommt es dadurch sogar zum unnötigen Abwandern des Patienten bzw. Kunden oder zum Trainingsabbruch.
Dieses Buch schafft Abhilfe: Es zeigt, wie der Hundeprofi in der Kommunikation mit dem Kunden künftig einfacher zum Ziel und einem verbesserten Behandlungs-, Trainings- bzw. Gesprächserfolg kommen kann. Es behandelt die Grundlagen gelungener Kommunikation, erklärt, wie man umsetzbare Ziele formuliert, Konflikte als Chance begreift und brenzlige Situationen entschärft.

Flexicover, 120 Seiten, farbig illustriert
ISBN 978-3-95464-089-8
Preis: 19,95 EUR